Valeria Grijalva
Manuel Chamorro
Carlos Mendoza

Automatização de processos robóticos

Valeria Grijalva
Manuel Chamorro
Carlos Mendoza

Automatização de processos robóticos

Transformar o futuro do trabalho

ScienciaScripts

Imprint

Cover image: www.ingimage.com

This book is a translation from the original published under ISBN 978-613-9-40613-5.

Publisher:
Sciencia Scripts
is a trademark of
Dodo Books Indian Ocean Ltd. and OmniScriptum S.R.L publishing group

120 High Road, East Finchley, London, N2 9ED, United Kingdom
Str. Armeneasca 28/1, office 1, Chisinau MD-2012, Republic of Moldova, Europe
Managing Directors: Ieva Konstantinova, Victoria Ursu
info@omniscriptum.com

Printed at: see last page
ISBN: 978-620-8-38541-5

Índice

Introdução 3
Capítulo I: Fundamentos da Automatização Robótica de Processos (RPA) 4
Capítulo 2: Aplicações da RPA em sectores-chave 13
Capítulo 3: Impacto da RPA na evolução da mão de obra e do emprego 26
Capítulo 4: RPA e cibersegurança 39
Capítulo 5: O Impacto da RPA nos Processos Administrativos Educativos 45
Conclusão 72
Referências 73

Para o leitor

Neste livro, descobrirá como a Automação Robótica de Processos (RPA) pode transformar não só a eficiência operacional, mas também a estrutura e a cultura do trabalho em vários sectores. Aqui encontrará uma viagem desde os fundamentos da RPA até às suas aplicações em sectores-chave, incluindo finanças, cuidados de saúde, fabrico e serviços partilhados. Este livro examina os benefícios, como a redução de erros e o aumento da competitividade, e aborda os desafios para uma implementação bem-sucedida, como a gestão da mudança e a integração da tecnologia.

À medida que for progredindo, compreenderá como a RPA não só automatiza tarefas repetitivas, mas também permite uma reorganização estratégica do trabalho, libertando os funcionários para tarefas de maior valor. Também se familiarizará com as ferramentas actuais e com a forma como as tecnologias emergentes, como a inteligência artificial, aumentam o impacto da RPA.

Este texto também explora o impacto da RPA no futuro do trabalho, bem como as suas contribuições para a sustentabilidade e a cibersegurança. Se pretende implementar ou aprofundar a RPA na sua organização, este guia oferecerá estratégias práticas e previsões para maximizar os seus benefícios e adaptar-se à mudança.

Introdução

Imagine um mundo em que as tarefas repetitivas e monótonas são executadas com precisão e sem descanso, libertando as pessoas para concentrarem o seu tempo e talento no que realmente importa: inovar, criar e tomar decisões estratégicas. Este livro mergulha-o nesse futuro que já está presente, através da Robotic Process Automation (RPA), uma tecnologia revolucionária que transforma não só a eficiência empresarial, mas também a forma como pensamos o trabalho, a colaboração e o valor humano.

Desde os fundamentos da RPA até às suas aplicações em sectores-chave como as finanças, os cuidados de saúde e a indústria transformadora, iremos explorar a forma como esta tecnologia está a redefinir o futuro do trabalho, elevando a competitividade e reforçando a capacidade das organizações para se adaptarem a um mundo em constante mudança. Para além da tecnologia em si, analisaremos o impacto da RPA na estrutura de trabalho, permitindo que os funcionários se libertem das tarefas de rotina e se concentrem em actividades estratégicas e de elevado valor, promovendo um ambiente de trabalho mais dinâmico e satisfatório.

Através de estratégias práticas e casos de sucesso, descobrirá como ultrapassar os desafios da implementação e tirar o máximo partido do potencial desta ferramenta que, juntamente com a inteligência artificial e a aprendizagem automática, está a impulsionar a hiper-automação. Este livro não só o ensinará a aplicar a RPA na sua organização, como também o convidará a refletir sobre o papel da tecnologia na sustentabilidade, na cibersegurança e na criação de novas oportunidades de emprego.

Capítulo I: Fundamentos da Automatização Robótica de Processos (RPA)

Introdução à RPA

A Robotic Process Automation (RPA) surgiu como uma solução tecnológica fundamental que permite às organizações enfrentar os desafios do dinamismo e da competitividade no mercado atual. Num ambiente empresarial em que a eficiência e a rapidez são essenciais, a RPA oferece uma forma de otimizar os processos através da automatização de tarefas repetitivas e baseadas em regras. Isto não só ajuda a reduzir os custos operacionais, como também liberta os funcionários do trabalho monótono, permitindo-lhes concentrar-se em actividades mais estratégicas e de maior valor para a organização. (Bermúdez Irreño, 2021)..

Além disso, a RPA tornou-se um componente essencial da transformação digital, permitindo que as empresas se adaptem às novas exigências do mercado. A implementação da RPA facilita a integração de várias tecnologias e melhora a capacidade de resposta às mudanças no ambiente empresarial. Isto é vital para que as organizações se mantenham competitivas e se posicionem favoravelmente face aos seus rivais. (Deloitte, 2017).. À medida que as empresas adoptam a RPA, espera-se que esta tecnologia continue a evoluir e a expandir-se em vários sectores.

Por último, a RPA não é apenas uma ferramenta de automatização; representa também uma mudança cultural na forma como as organizações funcionam. Ao adotar a RPA, as empresas devem considerar não só a tecnologia em si, mas também a forma como esta irá afetar a dinâmica de trabalho e a interação homem-máquina. Esta mudança pode gerar resistência, mas também oferece oportunidades para melhorar a colaboração e a inovação nas organizações. (Bermúdez Irreño, 2021)..

Contexto histórico

A história da automação começa na década de 1950 com o desenvolvimento de robots programáveis na indústria, marcando o início de uma evolução tecnológica que transformou a forma como as empresas operam. Ao longo dos anos, foram introduzidas várias tecnologias para otimizar os processos, desde os controladores lógicos programáveis (PLC) até aos sistemas digitais de gestão do fluxo de trabalho que surgiram na década de 1980. Estes avanços lançaram as bases para o advento da Robotic Process Automation (RPA) no início dos anos 2000, quando as empresas começaram a procurar soluções mais acessíveis e eficazes para automatizar tarefas manuais e repetitivas. (Bermúdez Irreño, 2021)..

A transição dos sistemas de gestão de processos empresariais (BPM) para a RPA foi um marco importante neste contexto. Enquanto o BPM se centrava na gestão de processos empresariais de uma forma holística, a RPA centrava-se na automatização de tarefas específicas, permitindo às organizações melhorar a eficiência sem a necessidade de efetuar alterações drásticas aos seus sistemas existentes. Esta evolução foi impulsionada pela necessidade de as empresas se adaptarem a um ambiente empresarial cada vez mais competitivo e digitalizado (Deloitte, 2017)..

Atualmente, a RPA estabeleceu-se como uma ferramenta essencial na estratégia de transformação digital de muitas organizações. A sua capacidade de automatizar processos e tarefas conduziu a uma maior eficiência operacional e à redução de custos. No entanto, apesar da sua crescente popularidade, a implementação da RPA ainda enfrenta desafios, como a resistência à mudança e a necessidade de formação adequada dos colaboradores. (Bermúdez Irreño, 2021)..

Transformação digital

A transformação digital é definida como o processo de integração da tecnologia digital em todos os aspectos de uma empresa, envolvendo mudanças significativas na cultura, nas operações e na forma como as empresas criam e fornecem valor. Este processo é crucial para que as organizações se mantenham relevantes num mercado cada vez mais competitivo e digitalizado. A adoção de tecnologias como a RPA é uma componente essencial desta transformação, pois permite que as empresas optimizem as suas operações e se adaptem às novas exigências do ambiente (Deloitte, 2017)..

Os pilares da transformação digital incluem tecnologias como os megadados, a computação em nuvem, a Internet das coisas (IoT) e a cibersegurança. O Big Data permite às empresas analisar grandes volumes de dados para identificar padrões e tendências, o que facilita a tomada de decisões informadas. A computação em nuvem, por outro lado, oferece um acesso flexível a recursos informáticos, permitindo às organizações escalar as suas operações conforme necessário. A interligação de dispositivos através da IoT também contribui para a recolha de dados em tempo real, melhorando a eficiência e a eficácia dos processos empresariais. (Bermúdez Irreño, 2021)..

No entanto, a transformação digital não se limita à adoção de novas tecnologias; implica também uma mudança de mentalidade organizacional. As empresas devem estar dispostas a reinventar os seus modelos de negócio e a promover uma cultura que valorize a inovação e a adaptabilidade. Isto pode ser um desafio, uma vez que exige que os líderes empresariais gerem a mudança de forma eficaz e respondam às preocupações dos trabalhadores relativamente à automatização e à perda de postos de trabalho. (Deloitte, 2017)..

Caraterísticas e vantagens da RPA

A RPA caracteriza-se pela sua capacidade de emular acções humanas em sistemas digitais, incluindo a introdução de dados, a navegação em aplicações e a execução de transacções. Esta tecnologia permite às empresas automatizar tarefas repetitivas, baseadas em regras e que exigem um elevado grau de precisão. Ao implementar a RPA, as organizações podem reduzir significativamente os erros associados à intervenção humana, o que resulta numa maior qualidade dos dados e numa melhor eficiência operacional. (Bermúdez Irreño, 2021)..

Um dos benefícios mais proeminentes da RPA é a sua capacidade de aumentar a eficiência. Ao automatizar os processos, as empresas podem concluir as tarefas mais rapidamente, libertando os funcionários do trabalho monótono e permitindo-lhes concentrarem-se em actividades mais estratégicas e criativas. Além disso, a RPA pode funcionar 24 horas por dia, o que significa que as tarefas podem ser realizadas fora do horário de trabalho, aumentando assim a produtividade geral da organização. (Deloitte, 2017)..

Outro aspeto relevante é o retorno do investimento que a RPA pode proporcionar. Muitas empresas referem que o investimento inicial em RPA é recuperado em menos de um ano, o que a torna uma opção atractiva para a otimização de processos. Além disso, a implementação da RPA permite que as organizações sejam mais ágeis e se adaptem rapidamente às exigências do mercado, o que é essencial num ambiente empresarial em constante mudança. (Bermúdez Irreño, 2021)..

5. Plataformas tecnológicas de RPA

Existem várias plataformas líderes no mercado da RPA, sendo a UiPath e a Automation Anywhere as mais proeminentes. A UiPath, fundada em 2005, ganhou reconhecimento pela sua interface intuitiva e pela sua capacidade de conceber e gerir robôs de software. A plataforma inclui componentes-chave como o UiPath Studio, que permite aos utilizadores criar fluxos de trabalho sem a necessidade de conhecimentos avançados de programação. Além disso, o UiPath Orchestrator facilita a gestão e a monitorização dos robôs, optimizando assim o seu desempenho. (Bermúdez Irreño, 2021)..

A Automation Anywhere, criada em 2010, é especializada na automatização de processos empresariais e informáticos. Esta plataforma oferece ferramentas que permitem às empresas criar e gerir robôs de forma eficaz, optimizando os processos de front e back office. A arquitetura da Automation Anywhere inclui componentes como a Sala de Controlo, que funciona como um servidor Web para gerir bots, e os Criadores de Bot, que permitem aos utilizadores conceber e carregar bots. (Deloitte, 2017)..

Ambas as plataformas provaram ser eficazes na implementação da RPA em vários sectores, ajudando as organizações a digitalizar as suas operações e a melhorar a eficiência. No entanto, a escolha da plataforma correta dependerá das necessidades específicas de cada empresa e da sua capacidade de integrar a RPA nos seus processos existentes. (Bermúdez Irreño, 2021)..

6. Aplicações RPA

A RPA é aplicada numa grande variedade de áreas funcionais das organizações, melhorando a eficiência e reduzindo os custos em várias operações. No sector financeiro, por exemplo, a RPA é utilizada para automatizar os processos contabilísticos, a gestão de facturas e a reconciliação de contas. Esta automatização não só acelera as operações, como também minimiza os erros associados ao tratamento manual de dados, resultando em relatórios financeiros mais precisos e atempados. (Bermúdez Irreño, 2021)..

Nos recursos humanos, a RPA facilita a gestão dos salários, o recrutamento e a integração dos trabalhadores. Ao automatizar tarefas como a verificação de documentos e a introdução de dados, os departamentos de RH podem concentrar-se em actividades mais estratégicas, como o desenvolvimento de talentos e a melhoria da cultura organizacional. Isto não só melhora a eficiência, como também contribui para uma experiência mais positiva dos trabalhadores. (Deloitte, 2017)..

A RPA também se tornou um recurso valioso no serviço de apoio ao cliente, onde os assistentes virtuais são utilizados para tratar de questões e dar respostas em tempo real. Esta automatização permite às empresas oferecer um serviço mais ágil e eficiente, melhorando a satisfação do cliente e reduzindo a carga de trabalho do pessoal humano. Ao longo do tempo, espera-se que a RPA continue a expandir-se em vários sectores, transformando a forma como as organizações operam e se relacionam com os seus clientes. (Bermúdez Irreño, 2021)..

7. Futuro da RPA

O futuro da RPA está intrinsecamente ligado à tendência da hiper-automatização, que procura integrar a RPA com tecnologias emergentes como a inteligência artificial (IA) e a aprendizagem automática. Esta combinação permitirá às empresas não só automatizar tarefas repetitivas, mas também processos mais complexos que exigem a tomada de decisões em tempo real. A hiper-automação promete melhorar a eficiência operacional e a qualidade do serviço, o que é essencial num ambiente empresarial cada vez mais competitivo. (Deloitte, 2017)..

Além disso, à medida que a tecnologia avança, espera-se que a RPA evolua para incluir capacidades mais sofisticadas, como o processamento de linguagem natural e a análise preditiva. Isto permitirá às organizações não só automatizar tarefas, mas também antecipar necessidades e responder proactivamente às exigências do mercado. A integração da IA com a RPA pode transformar radicalmente a forma como as empresas operam e tomam decisões, levando a automatização a um novo nível. (Bermúdez Irreño, 2021)..

No entanto, a implementação destas tecnologias avançadas também apresenta desafios. As organizações têm de estar preparadas para gerir a mudança e responder às preocupações dos funcionários relativamente à automatização. A formação e o desenvolvimento de competências serão fundamentais para garantir que os funcionários possam trabalhar eficazmente com as novas tecnologias, maximizando assim os benefícios da RPA e da hiper-automação no futuro. (Deloitte, 2017).

A RPA estabeleceu-se como uma ferramenta fundamental na transformação digital das organizações, permitindo a otimização de processos e a adaptação às novas realidades do mercado. Como as empresas continuam a enfrentar desafios num ambiente empresarial em constante mudança, a RPA oferece uma solução eficaz para melhorar a eficiência e reduzir os custos. No entanto, para colher todos os benefícios da RPA, as organizações devem estar dispostas a investir na formação e na gestão da mudança. (Bermúdez Irreño, 2021)..

É fundamental que as empresas não só adoptem a RPA como uma ferramenta tecnológica, mas também considerem o seu impacto na cultura organizacional e na dinâmica de trabalho. A colaboração homem-máquina será essencial para maximizar a eficácia da automação e garantir que os funcionários se sintam valorizados e envolvidos no processo de transformação digital. (Deloitte, 2017).

Finalmente, a RPA representa uma mudança significativa na forma como as organizações operam e se relacionam com os seus clientes. À medida que a tecnologia continua a evoluir, é imperativo que as empresas continuem a investigar e a documentar o impacto da RPA nas suas operações, garantindo que podem adaptar-se às novas tendências e permanecer competitivas no futuro. (Bermúdez Irreño, 2021)..

Capítulo 2: Aplicações da RPA em sectores-chave

A Automação Robótica de Processos (RPA) tornou-se um recurso essencial na transformação digital, impulsionando melhorias significativas de eficiência em sectores-chave. A adoção desta tecnologia tem aumentado devido à sua capacidade de automatizar tarefas repetitivas e otimizar processos complexos de uma forma rentável e precisa. (Gómez González, 2020)..

2.1 Exemplos de sectores que adoptaram com êxito a RPA

2.1.1 Setor financeiro : O sector financeiro foi pioneiro na implementação da RPA para melhorar a precisão e a eficiência dos processos de back-office. De acordo com Gómez González (2020), "a RPA é aplicada principalmente em sectores como o financeiro e o bancário, onde a sua capacidade de executar tarefas repetitivas é ideal para a otimização dos processos de auditoria e gestão de dados" (Gómez González, 2020). (Gómez González, 2020). Este sector conseguiu reduzir os custos operacionais até 40% através da automatização de tarefas como a reconciliação de contas e a gestão da faturação.

Setor da saúde : No sector da saúde, a RPA melhorou a precisão da gestão dos dados dos pacientes e optimizou a gestão dos recursos. De acordo com um estudo do Repositório ESPE, "a implementação da RPA na indústria farmacêutica facilitou o cumprimento dos regulamentos de qualidade, bem como a redução de erros na gestão de stocks" (Acurio Pérez, 2020). (Acurio Pérez, 2020). A tecnologia também tem sido utilizada para automatizar processos administrativos, permitindo que o pessoal se concentre nos cuidados aos doentes.

2.1.3 Setor da indústria transformadora: O sector da indústria transformadora utiliza a RPA juntamente com ferramentas de aprendizagem automática para melhorar a produtividade. De acordo com um estudo no Repositório UWiener, "a RPA aumentou a eficiência ao reduzir o tempo de processamento na cadeia de abastecimento, afectando favoravelmente a competitividade das empresas transformadoras" (Suarez Gallegos, 2024). (Suarez Gallegos, 2024).. A capacidade da RPA para integrar vários sistemas permite um fluxo de trabalho eficiente e sem descontinuidades.

2.1.4 Setor dos Serviços Partilhados: Nos Centros de Serviços Partilhados (CSC), a RPA é essencial para tarefas de grande volume. Um relatório da Deloitte destaca que "os CSC maduros podem otimizar a qualidade dos seus serviços e obter eficiências através da implementação da RPA em funções administrativas, como a gestão de salários e a faturação" (Deloitte, 2017). (Deloitte, 2017). Esta tecnologia facilita o funcionamento dos serviços partilhados, reduzindo a carga operacional.

2.2 Impacto da RPA na eficiência operacional e na competitividade

A implementação da RPA tem-se revelado um recurso estratégico para melhorar a competitividade em diferentes indústrias. De acordo com a Deloitte (2017), "a automação robótica não só permite às empresas reduzir os seus custos operacionais, como também lhes proporciona a flexibilidade para se adaptarem rapidamente às mudanças do mercado". (Deloitte, 2017).

Eficiência operacional

1) Redução do tempo de processamento: Na indústria transformadora, por exemplo, a RPA permite uma redução significativa do tempo do ciclo de produção, automatizando tarefas como a monitorização do inventário e o processamento de encomendas, o que aumenta a capacidade de resposta da empresa à procura. (Suarez Gallegos, 2024)..

2. redução de erros: os robots RPA ajudam a eliminar os erros humanos na introdução e processamento de dados. De acordo com um artigo da Revista Canaria de Administración Pública (2024), "a RPA provou ser altamente eficaz na redução de erros nos processos administrativos, melhorando assim a precisão das operações em sectores como o financeiro" (Chinea, 2024). (Chinea, 2024).

Competitividade

A capacidade de automatizar processos permite às empresas concentrarem-se em áreas de valor acrescentado, o que reforça a sua posição no mercado. De acordo com Quintanilla Laserna (2021), "a implementação de RPA em processos de back-office permite às empresas manter uma vantagem competitiva, reduzindo os seus custos operacionais e melhorando a qualidade do serviço" (Quintanilla Laserna, 2021). (Quintanilla Laserna, 2021)..

Escalabilidade

A RPA permite que as empresas aumentem as suas operações sem um aumento proporcional do pessoal. A Revista Ingeniería (2023) sublinha que "a RPA fornece uma solução escalável para empresas em crescimento, permitindo uma expansão das operações com um investimento mínimo em recursos humanos adicionais" (Irreño, 2023). (Irreño, 2023).

2.3 Benefícios financeiros e operacionais tangíveis da RPA

A automatização robótica de processos (RPA) tornou-se uma tecnologia fundamental para aumentar a eficiência e a competitividade das organizações. A sua capacidade de automatizar tarefas repetitivas e de baixo valor permitiu às empresas obter vantagens tangíveis, tanto em termos financeiros como operacionais.

2.3.1 Benefícios financeiros do RPA

1. **Redução de custos operacionais**: A RPA permite a execução automatizada de processos repetitivos a uma fração do custo humano. De acordo com Avila e Bernedo (2024), "a RPA gera uma diminuição significativa dos custos operacionais e uma libertação de recursos humanos que podem ser concentrados em actividades estratégicas" (Avila, 2024). (Avila, 2024). Isto traduz-se numa redução de até 30% dos custos operacionais em sectores como o financeiro e administrativo.

2. **Melhoria da gestão financeira**: A tecnologia RPA traz vantagens na área da gestão administrativa, permitindo que as empresas se concentrem na análise de dados financeiros em vez de tarefas manuais. Balladares e Godoy (2020) explicam que "a RPA proporciona facilidades e vantagens operacionais que reduzem o tempo gasto em tarefas financeiras, optimizando a capacidade analítica do departamento" (Balladares Montalvan, 2020). (Balladares Montalvan, 2020).. Este tipo de otimização não só reduz os custos, como também aumenta a precisão da gestão financeira.

3. **Retorno do investimento (ROI) a curto prazo**: Ochoa e Osorio (2022) afirmam que "a implementação da RPA apresenta benefícios financeiros claros, alcançando um retorno significativo do investimento em menos de um ano na maioria das implementações" (Ochoa Surco & Osorio, 2022). (Ochoa Surco & Osorio, 2022).. Este rápido retorno do investimento incentivou sectores como a banca e os cuidados de saúde a adotar a tecnologia para aumentar a sua rentabilidade.

2.3.2 Benefícios operacionais da RPA

1. **Aumento da eficiência e da produtividade**: A automatização das tarefas de rotina permitiu às organizações aumentar a sua eficiência em cerca de 60%. De acordo com Ortiz Herrera (2021), "a utilização da RPA permite às empresas otimizar os seus processos, alcançando uma maior produtividade em menos tempo" (Ortiz Herrera, 2021). (Ortiz Herrera, 2021). Este aumento de eficiência é especialmente útil em sectores com elevadas exigências operacionais, como a indústria transformadora e a logística.

2. **Redução de erros e maior precisão**: Ao eliminar a intervenção manual em tarefas repetitivas, a RPA reduz significativamente os erros operacionais. No sector financeiro, isto traduz-se numa maior precisão em tarefas como as reconciliações e a gestão de extractos. De acordo com um estudo efectuado no repositório UPC (Flores Jaimes & Romero Navarro, A. M., 2018)a RPA diminui os erros humanos em 90%, o que é crucial para manter a precisão nos processos financeiros" (Flores Jaimes & Romero Navarro, A. M., 2018). (Flores Jaimes & Romero Navarro, A. M., 2018)..

3. **Flexibilidade e escalabilidade nas operações**: A RPA oferece uma solução escalável que permite às empresas adaptarem-se rapidamente às mudanças na carga de trabalho sem incorrer em custos adicionais significativos. De acordo com Fernández Miño (2015), "a RPA oferece flexibilidade operacional que permite escalar a capacidade de processamento sem a necessidade de aumentar o pessoal, mantendo assim a estrutura de custos". (Fernández Miño, 2015).

2.3.3 Estatísticas relevantes

1. **Estatísticas gerais**: Um estudo da McKinsey estimou que a implementação da RPA pode reduzir os custos operacionais em 20-30% num período de dois a três anos. Isto deve-se à redução das horas de trabalho, à eliminação de erros e à otimização do tempo na execução de tarefas repetitivas, o que apoia a sua adoção em sectores com elevados encargos administrativos.

A RPA oferece benefícios tangíveis que abrangem tanto os aspectos financeiros como operacionais, facilitando a otimização de processos que anteriormente exigiam intervenção manual. Estudos demonstram que a sua implementação reduz significativamente os custos e melhora a precisão em vários sectores, posicionando a RPA como uma ferramenta estratégica na transformação digital.

4. Obstáculos comuns à adoção da RPA

A adoção da **automatização robótica de processos** (RPA) nas empresas enfrenta uma série de obstáculos que impedem a sua implementação efectiva. Estes desafios vão desde a resistência dos funcionários à mudança até às questões técnicas relacionadas com a integração dos sistemas existentes.

4.1 Resistência à mudança

A resistência à mudança é um dos obstáculos mais comuns à adoção da RPA. A implementação de novas tecnologias gera frequentemente incerteza entre os funcionários, que podem encarar a automatização como uma ameaça aos seus empregos. De acordo com Díaz Noriega (2023), "a falta de compreensão sobre o objetivo da RPA e a desconfiança na sua eficácia geram uma resistência significativa entre os funcionários" (Díaz Noriega, 2023). (Díaz Noriega, 2023)..

Para ultrapassar esta barreira, **a educação e a formação contínua** são essenciais. Tal como mencionado no estudo de Alfaro Gutierrez (2022), "é importante fornecer formação e demonstrar aos funcionários como a RPA complementa as suas tarefas em vez de as substituir" (Alfaro Gutierrez, 2022). (Alfaro Gutierrez, 2022).. Desta forma, os funcionários podem ver os benefícios da tecnologia e compreender o seu papel num ambiente automatizado.

4.2 Desafios na integração de sistemas

Outro grande obstáculo é a dificuldade de integração da RPA com os sistemas actuais das organizações. Este problema é agravado em empresas com infra-estruturas tecnológicas complexas ou desactualizadas. De acordo com Herrero Menocal (2023), "a falta de compatibilidade entre a RPA e os sistemas antigos pode limitar as capacidades de automatização" (Herrero Menocal, 2023). (Herrero Menocal, 2023).

A **solução recomendada** nestes casos é a adoção de uma arquitetura de integração flexível, como APIs e ambientes de dados interligados, para facilitar a interação entre diferentes plataformas. Alfaro Gutiérrez (2022) sugere que "a utilização de API e middleware permite que a RPA trabalhe em conjunto com outros sistemas, optimizando a sua funcionalidade" (Alfaro Gutiérrez, 2022). (Alfaro Gutiérrez, 2022)..

4.3 Falta de conhecimentos especializados

A falta de pessoal com formação para lidar com as ferramentas RPA é um desafio que afecta especialmente as pequenas e médias empresas (PME). Como afirma Garavito Núñez (2024), "a falta de conhecimentos técnicos sobre RPA e a necessidade de pessoal qualificado impedem o sucesso da implementação nas PME" (Garavito Núñez & Mendez). (Garavito Núñez & Mendez)..

Para resolver este problema, uma estratégia eficaz consiste em **formar parcerias com fornecedores de RPA** que ofereçam formação e apoio técnico. Isto permite às empresas não só implementar a tecnologia, mas também desenvolver as competências internas necessárias para a sua manutenção e otimização a longo prazo (Garavito Núñez, 2024).

4.4 Desafios de escalabilidade

Embora a RPA seja eficiente para tarefas específicas, a sua escalabilidade é um desafio para as grandes organizações. Zanel (2023) observa que "à medida que as cargas de trabalho aumentam, a RPA pode enfrentar limitações técnicas que reduzem a sua eficácia" (Zanel, 2023). Além disso, a falta de uma estratégia clara para escalar a automação pode levar a problemas de manutenção e custos elevados.

A implementação de uma abordagem de escalabilidade gradual é uma recomendação fundamental, em que a RPA é expandida passo a passo, garantindo que o sistema é optimizado antes de passar para o nível seguinte. Zanel (2023) refere que "a adoção de uma abordagem modular ajuda as empresas a adaptar a tecnologia de acordo com as suas necessidades" (Zanel, 2023). (Zanel, 2023).

Estratégias para ultrapassar as barreiras à adoção da RPA

1.5.1 **Fomentar uma cultura de inovação**: Fomentar uma mentalidade de adaptação à mudança na organização ajuda a reduzir a resistência. Nova Cardenas (2020) sugere que "a criação de uma cultura que valoriza a inovação e a aprendizagem contínua facilita a integração de novas tecnologias como a RPA" (Nova Cardenas, 2020). (Nova Cardenas, 2020).

1.5.2 **Formação contínua**: a oferta de formação técnica na utilização da RPA e das ferramentas relacionadas permite que os funcionários se adaptem mais rapidamente à tecnologia, como recomendado por Díaz Noriega (2023), destacando a importância de uma equipa bem preparada e confiante nas suas capacidades. (Díaz Noriega, 2023)..

1.5.3 **Estratégias de integração e escalabilidade**: a implementação de uma estratégia de escalabilidade gradual e flexível ajuda as empresas a adaptarem-se a um aumento do volume de automatização. Além disso, Zanel (2023) argumenta que a integração de middleware e APIs promove a compatibilidade entre sistemas, optimizando a funcionalidade da RPA a longo prazo. (Zanel, 2023).

Aspectos-chave de uma implementação bem sucedida da RPA

A implementação da Robotic Process Automation (RPA) nas organizações requer uma análise e preparação cuidada dos vários factores que influenciam o seu sucesso. Estes aspectos vão desde a correta seleção de processos até à formação de pessoal, passando por estratégias que maximizem os seus benefícios.

5.1 Seleção de processos adequados

A identificação dos processos adequados a automatizar é fundamental para garantir o retorno do investimento em RPA. De acordo com Lucio Mendoza (2020), "a seleção de tarefas deve centrar-se nas de elevado volume e baixa variabilidade, onde a intervenção humana se concentra em funções repetitivas e de baixo valor acrescentado" (Lucio Mendoza, 2020). (Lucio Mendoza, 2020). Neste sentido, a implementação deve considerar processos altamente estruturados, como a introdução de dados ou as reconciliações financeiras, em que a RPA pode libertar recursos humanos para tarefas mais complexas.

5.2 Formação do pessoal

O sucesso da RPA depende, em grande medida, da aceitação e formação do pessoal envolvido. Hurtado-Guevara (2024) refere que "a formação permite que a equipa compreenda as funcionalidades da RPA e o seu potencial, ajudando a reduzir a resistência à mudança" (Hurtado-Guevara, 2024). (Hurtado-Guevara, 2024).. É essencial investir em programas de formação que formem tanto os programadores como os utilizadores finais para facilitar uma adaptação e utilização eficazes da tecnologia.

5.3 Definição de uma estratégia de gestão da mudança

A resistência à mudança é um desafio frequente na adoção da RPA, e a falta de uma estratégia clara pode comprometer o seu sucesso. Suárez Gallegos (2024) salienta que "um plano de comunicação eficaz e o envolvimento dos líderes de equipa são factores que facilitam a transição para um ambiente automatizado" (Suárez Gallegos, 2024). (Suárez Gallegos, 2024).. O envolvimento dos trabalhadores desde as fases iniciais e a comunicação clara dos benefícios da RPA são estratégias fundamentais para atenuar a resistência.

6. Estratégias para maximizar os benefícios da RPA

6.1 Implementação faseada

A implementação gradual é uma prática recomendada para adaptar a organização de forma controlada. Vega Guevara (2021) recomenda "começar com um piloto numa área específica e depois escalar a automatização por toda a organização, o que permite ajustes e melhorias antes da adoção em massa" (Vega Guevara, 2021). (Vega Guevara, 2021).. Esta abordagem minimiza o impacto da implementação e garante uma maior estabilidade no processo.

6.2 Monitorização e otimização contínua

A monitorização constante dos bots RPA é essencial para detetar áreas de melhoria. Martínez Villamarín (2018) explica que "a monitorização permite identificar rapidamente possíveis falhas nos processos automatizados, facilitando a sua correção e melhoria". (Martínez Villamarín, 2018). A otimização contínua garante que os bots operam na sua capacidade máxima, adaptando-se às mudanças nos processos de negócio.

6.3 Interoperabilidade e escalabilidade

Por último, é importante que as soluções de RPA sejam flexíveis e compatíveis com outros sistemas empresariais. Lucio Mendoza (2020) salienta que "a RPA deve integrar-se perfeitamente no software existente e permitir a sua expansão para fazer face ao crescimento futuro" (Lucio Mendoza, 2020). (Lucio Mendoza, 2020). A utilização de API e middleware facilita esta interoperabilidade, que é crucial em organizações com infra-estruturas tecnológicas complexas.

Capítulo 3: Impacto da RPA na evolução da mão de obra e do emprego

A automatização de processos robóticos (RPA) está a remodelar profundamente o mercado de trabalho, reduzindo a necessidade de intervenção humana em tarefas repetitivas e de baixo valor. O seu impacto criou desafios e oportunidades, levando as organizações e os governos a refletir sobre a necessidade de uma estratégia eficaz de adaptação da força de trabalho.

3.1 Transformação do mercado de trabalho: efeitos no emprego

A automatização através da RPA alterou a estrutura de emprego em vários sectores, especialmente em indústrias como as finanças, a logística e o serviço ao cliente, onde as tarefas são frequentemente repetitivas. De acordo com Lucio Mendoza (2020), "a RPA permite reduzir a intervenção humana na introdução de dados, na validação de transacções e nas tarefas de controlo de qualidade, o que liberta tempo para os empregados se concentrarem em actividades estratégicas" (Lucio Mendoza, 2020). (Lucio Mendoza, 2020). medida que as empresas adoptam a RPA, a procura de trabalhadores para executar tarefas manuais diminui, conduzindo a uma reestruturação das funções profissionais e exigindo novas competências.

Um estudo de Hurtado-Guevara (2024) revela que, em sectores como a banca, a adoção da RPA reduziu os custos laborais, mas aumentou a procura de posições orientadas para a monitorização da tecnologia e a gestão de dados. (Hurtado-Guevara, 2024).. Esta mudança obrigou os trabalhadores a atualizar e adquirir novas competências técnicas para se manterem competitivos no mercado.

3.2 Estratégias de reorganização e de reconversão profissional para uma transição eficaz

A reorganização do trabalho no contexto da RPA envolve não só a criação de novas funções, mas também a reconversão dos trabalhadores para se adaptarem a um ambiente de trabalho automatizado. A formação em competências digitais e analíticas é crucial, uma vez que permite aos empregados gerir e monitorizar a tecnologia RPA em vez de executarem as tarefas que costumavam executar manualmente.

Formação em competências digitais e analíticas: A reciclagem de competências digitais é uma estratégia essencial. Vega Guevara (2021) explica que "a RPA requer não só competências técnicas básicas, mas também capacidades de análise e resolução de problemas complexos". (Vega Guevara, 2021).. As organizações devem dar prioridade a programas de formação que incluam tanto conhecimentos técnicos de automatização como competências de gestão de projectos para maximizar a eficácia da RPA.

Desenvolvimento de planos de carreira adaptados à RPA: A implementação da RPA representa uma oportunidade para as organizações reestruturarem os planos de carreira, orientando os trabalhadores para funções mais estratégicas. Hurtado-Guevara (2024) refere que "a conceção de planos de carreira que incluam o desenvolvimento de competências tecnológicas melhora a retenção de talentos e facilita a transição para um ambiente de trabalho automatizado" (Hurtado-Guevara, 2024). (Hurtado-Guevara, 2024).. Esta estratégia não só aumenta a empregabilidade dos trabalhadores, como também garante que a empresa dispõe de uma mão de obra qualificada e empenhada.

A adaptação à mudança tecnológica é um processo complexo que envolve mais do que a simples implementação de novas ferramentas ou sistemas. Requer, fundamentalmente, uma abordagem cultural que promova a abertura à inovação, a aprendizagem contínua e a vontade dos funcionários de se adaptarem a novas formas de trabalho. Esta mudança de mentalidade é essencial para integrar com êxito as tecnologias emergentes, como a automatização robótica de processos (RPA), nas organizações. A resistência à mudança é uma das barreiras mais comuns à adoção de novas tecnologias, **e** a promoção de uma cultura de adaptação é uma estratégia fundamental para a ultrapassar. De acordo com Vega Guevara (2021), "a criação de uma cultura de adaptação à tecnologia facilita a integração da RPA nos processos de trabalho, uma vez que reduz a resistência à mudança" (Vega Guevara, 2021, p. 45). Esta abordagem cultural promove uma mentalidade mais flexível nos trabalhadores, que se sentem mais preparados e menos ameaçados pela introdução de novas tecnologias.

Ao promover uma cultura organizacional que valoriza a adaptação e a mudança, as empresas podem facilitar não só a adoção da BPR, mas também o alinhamento entre os objectivos organizacionais e o bem-estar dos colaboradores. Esta predisposição para a mudança permite às empresas adotar a BPR de forma mais rápida e eficaz, o que, por sua vez, lhes confere uma vantagem competitiva no mercado. A adoção de tecnologia, embora possa gerar incerteza, torna-se muito mais fácil com o apoio dos funcionários, que compreendem os benefícios da automatização não só para a organização, mas também para o seu próprio desenvolvimento profissional. Em vez de encarar a RPA como uma ameaça, esta torna-se uma oportunidade para melhorar a qualidade dos processos e otimizar o tempo gasto em tarefas repetitivas. Ao incorporar esta cultura de adaptabilidade, as organizações podem garantir que a transição para a RPA é mais suave e mais produtiva, contribuindo para o crescimento a longo prazo tanto da empresa como dos seus funcionários.

3.3 Reorganização das funções e criação de novas oportunidades de emprego

A introdução da RPA nos processos empresariais não envolve apenas a automatização de tarefas, mas também resulta numa reorganização estrutural que cria novas oportunidades de emprego. Uma vez que os processos repetitivos e monótonos são geridos por bots, isto liberta tempo e recursos que podem ser redireccionados para tarefas de maior valor acrescentado. Esta mudança abre a porta à criação de funções especializadas na gestão, supervisão e otimização de processos automatizados. De facto, foram criadas novas funções, como supervisores de automação, analistas de eficiência e gestores de inovação tecnológica. Estas funções, que anteriormente não existiam ou eram pouco marginais, tornaram-se essenciais para garantir que a RPA é executada corretamente e traz os benefícios esperados. De acordo com Martínez Villamarín (2018), "a criação de cargos especializados em gestão de RPA e otimização de processos permite que as empresas melhorem a sua competitividade sem sacrificar a estabilidade do emprego" (Martínez Villamarín, 2018, p. 92). Desta forma, a automatização não só melhora a eficiência, como também abre novas oportunidades de emprego que requerem competências técnicas e estratégicas.

A criação destas novas funções é fundamental para garantir que as empresas podem tirar o máximo partido dos benefícios da RPA, ao mesmo tempo que promovem o crescimento profissional dos seus funcionários. À medida que a automatização de processos aumenta, as organizações têm de garantir que as suas equipas possuem as competências necessárias para gerir estas tecnologias de forma eficaz. Isto implica não só o desenvolvimento de competências técnicas, mas também a capacidade de tomar decisões informadas sobre quais os processos a automatizar e como optimizá-los para obter o máximo benefício. Além disso, estes novos postos de trabalho não só contribuem para a competitividade das empresas, como também são uma resposta positiva aos receios de perda de postos de trabalho devido à automatização. A criação de funções especializadas demonstra que a RPA pode coexistir com a força de trabalho humana, proporcionando um equilíbrio entre a eficiência operacional e a estabilidade do emprego. Esta abordagem garante que a integração da RPA é um processo inclusivo, em que a tecnologia e o talento humano se complementam, promovendo um ambiente de trabalho mais dinâmico e resiliente.

As mudanças na procura de mão de obra geradas pela RPA também afectam a economia em geral, ao impulsionar uma tendência para a especialização no emprego. A RPA promove uma força de trabalho capaz de desempenhar tarefas de supervisão analítica e tecnológica, competências que são cada vez mais procuradas no mercado. No seu estudo, Herrera Vázquez e Saldaña Miranda (2024) observam que "a necessidade de competências analíticas e tecnológicas aumentou a oferta de empregos em áreas de tecnologia da informação e gestão de processos" (Herrera Vázquez & Saldaña Miranda, 2024). (Herrera Vázquez & Miranda, 2024)..

3.4 Perspectivas futuras

O impacto da RPA na força de trabalho é profundo e multifacetado, exigindo que tanto as organizações como os trabalhadores adoptem uma abordagem proactiva à mudança. Para maximizar os benefícios da RPA e minimizar os seus efeitos perturbadores, as empresas devem investir na formação contínua do seu pessoal e promover uma cultura organizacional que abrace a inovação e a aprendizagem. A reorganização das funções, o desenvolvimento de competências analíticas e a implementação de um percurso profissional adaptado à automatização são estratégias fundamentais para que as organizações e os seus trabalhadores evoluam num mercado de trabalho em mudança.

Este quadro teórico fornece uma base sólida para compreender não só a relação entre a RPA e o mercado de trabalho, mas também a forma como esta tecnologia pode tornar-se uma oportunidade para o desenvolvimento do capital humano. À medida que a RPA é implementada nas organizações, abrem-se novas possibilidades tanto para uma maior eficiência operacional como para a criação de novas funções profissionais centradas na gestão, programação e manutenção de bots. Esta transformação não só altera a natureza dos empregos existentes, como também contribui para a criação de empregos mais especializados e estratégicos. Neste sentido, a adoção de estratégias adequadas de implementação da RPA pode servir como um catalisador para o crescimento da carreira, uma vez que promove a inovação e permite que os trabalhadores tirem partido de novas oportunidades de formação e especialização. Além disso, o impacto da automatização no mercado de trabalho vai para além da simples substituição de tarefas repetitivas. Como observa Suárez Gallegos (2024), a adoção destas tecnologias permite às organizações manterem-se competitivas a longo prazo, o que, por sua vez, facilita a criação de um ambiente de trabalho que promove a aprendizagem contínua e a adaptação constante à mudança. Assim, a evolução do emprego não deve ser entendida apenas como uma ameaça, mas também como uma oportunidade para a inovação, o crescimento pessoal e a melhoria das competências profissionais.

3.5 Passos práticos para a implementação da RPA

A implementação efectiva da RPA começa com uma análise detalhada dos processos internos da organização para identificar aqueles que são adequados para a automatização. Este processo de identificação é crucial, uma vez que nem todos os procedimentos são passíveis de automatização eficiente. Para que a automatização seja eficaz, é essencial que os processos selecionados sejam altamente repetitivos, estruturados e baseados em regras claras. A introdução de dados, a reconciliação de contas e a geração de relatórios são exemplos típicos de tarefas que cumprem estes critérios. De acordo com Suárez Gallegos (2024), "os processos ideais para RPA são aqueles com elevada repetibilidade e regras claras, como a introdução de dados e a reconciliação de contas" (p. 102). Isto deve-se ao facto de os bots de RPA serem concebidos para lidar com tarefas que requerem pouca intervenção humana e cuja execução é consistente e previsível ao longo das iterações. Ao automatizar estes processos, as organizações podem minimizar a possibilidade de erro humano, o que, por sua vez, aumenta a precisão e a fiabilidade dos resultados obtidos.

Além disso, a automatização de tarefas repetitivas não só melhora a eficiência operacional, como também liberta os funcionários do trabalho entediante, permitindo-lhes concentrar-se em tarefas mais estratégicas que exigem criatividade e tomada de decisões. No entanto, é crucial que a seleção dos processos seja adequada, uma vez que a automatização de tarefas que requerem a apreciação humana ou a tomada de decisões complexas pode não gerar os benefícios esperados. Em alguns casos, certas tarefas podem ser realizadas de forma mais eficiente por pessoas, especialmente quando o contexto ou a flexibilidade são factores importantes. A chave para o sucesso na implementação da RPA reside na identificação de processos que proporcionam um elevado retorno do investimento quando automatizados, mantendo um equilíbrio entre a intervenção humana e a automatização. Esta abordagem garante que a RPA não só optimiza a produtividade, como também cria um ambiente de trabalho mais equilibrado e adaptado às novas exigências tecnológicas.

3.6 Seleção de software e ferramentas RPA

Uma vez definidos os processos a automatizar, o passo seguinte é selecionar o software de RPA que melhor se adapta às necessidades da organização. Plataformas como a UiPath, a Automation Anywhere e a Blue Prism são amplamente recomendadas devido à sua capacidade de integração com os sistemas empresariais existentes e à sua adaptabilidade a diferentes ambientes operacionais, como a nuvem e os sistemas locais. (Rodriguez Soto, 2018).. A escolha da ferramenta certa é crucial para a escalabilidade e funcionalidade a longo prazo dos bots, uma vez que cada plataforma oferece caraterísticas específicas que facilitam a gestão, o controlo e a implementação de processos automatizados. Para além disso, estas ferramentas incluem frequentemente funcionalidades de inteligência artificial que permitem que os bots aprendam e se adaptem a novas situações, melhorando a sua eficiência e reduzindo a necessidade de intervenção humana em processos futuros, uma qualidade particularmente útil para empresas em crescimento.

3.7 Implementação piloto, ajustamentos e aumento de escala

Após a configuração inicial, recomenda-se uma implementação piloto para avaliar o desempenho do sistema num ambiente controlado. Este piloto permite identificar os ajustes necessários antes de uma implementação completa, minimizando os riscos e garantindo que o sistema funciona corretamente em condições reais. Ochoa Surco (2022) afirma que "o piloto é uma fase crítica, pois permite melhorar o fluxo de trabalho e afinar as configurações do bot".

Após uma implementação piloto bem sucedida, o sistema pode ser alargado a outros processos da organização. A manutenção e atualização contínuas dos bots são cruciais para otimizar o seu desempenho e garantir que se adaptam às mudanças nos processos empresariais, o que é especialmente relevante em ambientes operacionais em constante evolução. Além disso, a formação do pessoal garante que os funcionários compreendem e monitorizam eficazmente os bots, promovendo uma adoção bem sucedida e uma transição suave para uma cultura de trabalho automatizada.

3.8 RPA e sustentabilidade empresarial

A Automação Robótica de Processos (RPA) é uma ferramenta que contribui para a sustentabilidade do negócio, optimizando processos, reduzindo a utilização de recursos e minimizando o impacto ambiental. A RPA permite às empresas reduzir o consumo de papel, eletricidade e outros factores de produção através da automatização de tarefas administrativas, como a introdução de dados e a geração de relatórios, que tradicionalmente requerem uma elevada utilização de recursos físicos e humanos. De acordo com Encalada e Cueva (2023), "a automatização dos processos de produção e de negócio reduz a procura de inputs, contribuindo para uma redução significativa do impacto ambiental". Esta capacidade da RPA para reduzir a dependência de materiais e energia nas operações diárias faz desta tecnologia uma componente chave das estratégias de sustentabilidade das empresas.

Redução do impacto ambiental

A implementação da RPA provou ser altamente eficaz na redução do desperdício e do consumo de energia em várias indústrias. No sector têxtil, por exemplo, empresas como a ECOALF, uma marca de vestuário sustentável, integraram práticas automatizadas nas suas operações para minimizar o desperdício nos processos de produção. A automatização da gestão de inventário através da RPA não só optimiza a logística e reduz o erro humano, como também contribui significativamente para diminuir o impacto ambiental dos resíduos têxteis (Encalada & Cueva, Á. D. S, 2023). Esta integração da RPA ajuda a reduzir os excedentes de produção, maximizando a eficiência dos recursos e limitando o desperdício de material.

Além disso, a RPA tem o potencial de diminuir o consumo de energia nas operações comerciais através da automatização de horários, da eliminação de tarefas redundantes e da otimização dos processos de produção. Esta abordagem não só reduz os custos operacionais, como também permite um funcionamento mais eficiente das operações comerciais, apoiando um modelo de negócio mais sustentável. Na indústria têxtil, por exemplo, a utilização da RPA em tarefas administrativas reduziu o consumo de papel e eletricidade em até 30%, tal como salientado no estudo de Cartagena Gómez (2024), que analisa a implementação da economia circular na indústria do vestuário. Desta forma, a automatização torna-se uma ferramenta fundamental não só para melhorar a eficiência, mas também para promover práticas empresariais mais responsáveis do ponto de vista ambiental.

Exemplos de empresas com práticas sustentáveis integradas na RPA

Exemplos de empresas que integraram práticas sustentáveis através da RPA destacam como este tipo de automação pode ser uma peça central de uma estratégia de responsabilidade social empresarial. As empresas líderes em todos os sectores estão a adotar a RPA como parte do seu compromisso com a sustentabilidade e a redução da sua pegada ambiental. Um exemplo proeminente é a Nike, que incorporou a RPA nas suas cadeias de abastecimento para otimizar a distribuição de produtos, o que não só melhora a eficiência logística, mas também contribui significativamente para a redução das emissões de CO_2, reduzindo viagens desnecessárias e melhorando as rotas de transporte (Cartagena Gómez, 2024). Ao otimizar o fluxo de produtos e materiais, a Nike conseguiu reduzir tanto os custos como o seu impacto ambiental, contribuindo para a luta contra as alterações climáticas. Por outro lado, a Fabricato, uma empresa têxtil localizada na Colômbia, utiliza a RPA para gerir eficazmente o consumo de água e de produtos químicos nas suas fábricas de ganga. Esta é uma ação crucial na indústria têxtil, onde a exploração excessiva destes recursos pode ter graves impactos ambientais. Graças à automação, a Fabricato não só optimiza os seus processos de produção, como também reduz a poluição das suas actividades. Estes exemplos mostram como a implementação do EPR pode ser uma ferramenta poderosa para melhorar a sustentabilidade das empresas, alinhando as suas operações com as crescentes exigências ecológicas e regulamentos ambientais globais. Ao adotar estas práticas, as empresas não só melhoram a sua eficiência operacional, como também demonstram um verdadeiro compromisso com o ambiente, gerando um modelo de negócio que dá prioridade tanto à rentabilidade como à responsabilidade social e ambiental.

A intersecção entre a automatização de processos robóticos (RPA) e a cibersegurança é uma área de estudo fundamental no contexto da transformação digital. A RPA, definida como a utilização de tecnologias avançadas para automatizar tarefas repetitivas e baseadas em regras, está a revolucionar o ambiente empresarial, permitindo uma maior eficiência operacional e reduzindo o erro humano. No entanto, a implementação da RPA também apresenta desafios e riscos significativos em termos de cibersegurança, uma vez que a natureza dos robôs de software pode criar vulnerabilidades que comprometem a proteção dos dados.

Capítulo 4: RPA e cibersegurança

4.1 Automatização Robótica de Processos (RPA)

A RPA tornou-se uma ferramenta essencial na otimização dos processos empresariais, permitindo a automatização de tarefas que tradicionalmente exigiam a intervenção humana. De acordo com Aguirre e Rodriguez (2022), "a RPA representa uma revolução no campo da automação, transformando tarefas administrativas e operacionais através de software capaz de replicar actividades humanas com precisão e rapidez" (p. 15). Esta tecnologia é utilizada numa variedade de sectores, incluindo o financeiro, a saúde e a indústria transformadora, onde a sua capacidade de reduzir custos e melhorar a produtividade é amplamente reconhecida (Gartner, 2021). (Gartner, 2021).

4.2 Riscos de cibersegurança associados à implementação da RPA

A integração de bots RPA nos sistemas empresariais introduz riscos cibernéticos específicos devido à sua capacidade de interagir com aplicações e dados sensíveis. Alguns dos principais riscos incluem:

- **Acesso não autorizado**: os bots de RPA operam frequentemente com elevados níveis de acesso aos sistemas, o que pode representar um risco significativo se um atacante conseguir comprometer um destes bots. Como salienta a Ernst & Young (EY, 2020), "os bots de RPA têm frequentemente privilégios elevados para realizar tarefas específicas e, sem controlos de segurança adequados, isto pode representar uma porta aberta para ciberataques" (p. 19). (Ernst & Young, 2020).
- **Gestão de credenciais**: Os bots precisam de aceder a vários sistemas para concluir as suas tarefas, o que significa que necessitam de credenciais de utilizador. A má gestão destas credenciais, como o seu armazenamento em texto simples ou não encriptado, representa um risco de segurança significativo. A Microsoft (2021) adverte que "o armazenamento de credenciais não encriptadas

ou em sistemas sem controlos de acesso é uma importante fonte de vulnerabilidade na RPA" (p. 43). (Microsoft, 2021).

- **Ameaças internas e abuso de privilégios**: Os funcionários que configuram ou gerem bots de RPA podem abusar, intencional ou acidentalmente, dos privilégios dos bots para aceder a informações sensíveis. De acordo com o SANS Institute (2020), "as ameaças internas continuam a ser uma das principais preocupações em matéria de cibersegurança e a RPA pode aumentar este risco se os privilégios não forem geridos corretamente" (p. 29). (SANS, 2020).

4.3 Estratégias para garantir a segurança nas implementações de RPA

Dado o nível de acesso que os bots RPA têm a dados sensíveis, é essencial implementar estratégias robustas de proteção de dados. Seguem-se algumas das melhores práticas:

- **Autenticação multifactor (MFA)**: A incorporação da autenticação multifactor no acesso bot ajuda a evitar o acesso não autorizado. Tal como recomendado pelo NIST (2020), "a autenticação multifactor é essencial para reduzir o risco de acesso não autorizado a sistemas críticos" (p. 15). (Instituto Nacional de Normas e Tecnologia (NIST), 2020)..

- **Encriptação de dados e credenciais**: Os dados tratados pelos bots de RPA devem ser encriptados, tanto em trânsito como em repouso. A Organização Internacional de Normalização (ISO 27001, 2019) sugere que "a encriptação é fundamental para a proteção de dados no contexto da automatização e deve ser obrigatória em processos que envolvam informações sensíveis" (p. 32). (International Organization for Standardization, 2019)..

- **Segmentação da rede e controlos de acesso**: Separar as redes em que os bots operam e limitar o acesso pode minimizar o impacto de um potencial ataque. Como afirma a Gartner (2021), "a segmentação da rede ajuda a conter e a atenuar os danos em caso de violação da segurança" (p. 49). (Gartner, 2021).

- **Monitorização e auditoria contínuas**: A implementação de sistemas de monitorização e auditoria é fundamental para detetar actividades suspeitas em tempo real e tomar medidas corretivas imediatas. De acordo com a PwC (2020), "a monitorização contínua dos bots RPA permite que as organizações identifiquem e respondam rapidamente a actividades anómalas" (p. 27). (PwC., 2020).

A implementação da RPA nas organizações tem o potencial de otimizar significativamente os processos, mas também introduz riscos específicos de cibersegurança. A capacidade dos bots para aceder a dados sensíveis e executar tarefas críticas pode ser explorada se não forem implementadas medidas de segurança adequadas. A implementação de controlos de acesso, autenticação forte, encriptação e monitorização contínua são algumas das melhores práticas para mitigar estes riscos. Como salienta a KPMG (2021), "a cibersegurança na RPA deve ser uma prioridade na estratégia de transformação digital de qualquer organização para garantir a integridade e a confidencialidade dos dados" (p. 37). (KPMG., 2021).

4.4 Encriptação de dados em trânsito e de dados em repouso

A encriptação dos dados é uma técnica de segurança essencial para proteger as informações sensíveis tratadas pelos bots de RPA. Smith (2021) defende que "a encriptação em trânsito e em repouso deve ser uma norma em todas as implementações de RPA, especialmente em sectores como o financeiro, onde a confidencialidade da informação é crucial" (p. 68). A encriptação ajuda a garantir que os dados não são legíveis em caso de interceção durante a transferência ou o armazenamento. (Smith & Jones, L. , 2021)

4.5 Estudo de caso: Implementação de RPA segura no sector bancário

A banca é um dos sectores que mais beneficia com a implementação da RPA devido à sua necessidade de lidar com grandes volumes de transacções e dados de clientes. No entanto, este sector é também um dos mais visados pelos cibercriminosos. De acordo com um relatório da McKinsey (2021), "os bancos que implementam a RPA devem dar prioridade à integração de soluções avançadas de cibersegurança desde a conceção, uma vez que a proteção dos dados dos clientes é uma obrigação ética e legal" (p. 12). Um exemplo bem sucedido desta integração é a utilização de bots que operam sob protocolos de segurança rigorosos e com pistas de auditoria detalhadas que permitem o rastreio de toda a atividade (McKinsey & Company., 2021)..

4.6 Futuro da segurança na RPA: Inteligência Artificial e Aprendizagem Automática

As tecnologias emergentes, como a inteligência artificial (IA) e a aprendizagem automática (ML), estão a começar a integrar-se na RPA para melhorar a segurança. Estas tecnologias permitem que os bots aprendam e se adaptem às ciberameaças em tempo real, detectando e respondendo a padrões anómalos. De acordo com Zhang e Wei (2022), "a integração da IA na RPA não só aumenta a eficiência dos processos, como também permite a implementação de defesas proactivas de cibersegurança, reduzindo o risco de ataques bem sucedidos" (p. 49). (Zhang & Wei, H., 2022)..

A intersecção entre a RPA e a cibersegurança realça a necessidade de adotar uma postura de segurança abrangente ao implementar processos automatizados. Embora a RPA ofereça vantagens competitivas significativas, a sua implementação deve ser cuidadosamente gerida para mitigar os riscos inerentes à automatização. Com estratégias de autenticação robustas, monitorização constante e a utilização de tecnologias avançadas, é possível maximizar os benefícios da RPA, garantindo simultaneamente a proteção dos dados e a integridade do sistema.

Capítulo 5: Impacto da RPA nos processos administrativos da educação

A integração da RPA nas instituições de ensino pode automatizar processos administrativos que anteriormente exigiam um grande investimento de tempo e recursos humanos. Por exemplo, na gestão de matrículas, faturação e gestão de registos académicos, a RPA reduz significativamente a margem de erro e agiliza estes processos. Smith e Jones (2021) argumentam que "a automatização nos sistemas educativos melhora a eficiência e permite que os recursos humanos se concentrem em actividades educativas de maior impacto" (p. 25). (Smith & Jones, L. , 2021). Isto facilita uma melhor experiência para os estudantes e o pessoal, reduzindo simultaneamente os custos operacionais.

5.1 RPA e adaptação do currículo para o desenvolvimento de competências digitais

A introdução da RPA no ensino exige uma transformação do currículo para permitir que os alunos adquiram as competências necessárias para interagir e gerir estas tecnologias. O mercado de trabalho está a exigir competências técnicas como a programação, a análise de dados e a compreensão da inteligência artificial, que são fundamentais para compreender e trabalhar com a RPA. Como afirmam López e Martínez (2020), "as competências técnicas e os conhecimentos em automatização e análise de dados estão a tornar-se competências essenciais para os licenciados de hoje, dado o aumento da transformação digital" (p. 31). (López & Martínez, P., 2020)..

Neste sentido, muitas instituições estão a incorporar cursos sobre RPA e competências digitais nos seus programas académicos, especialmente nas áreas de negócios, ciências informáticas e tecnologias da informação. Esta mudança curricular não só ajuda a preparar os estudantes para futuros empregos, como também responde a uma procura crescente de profissionais capazes de conceber, implementar e supervisionar sistemas automatizados.

5.2 A RPA como ferramenta para uma aprendizagem ativa e personalizada

A automatização permite que os sistemas de aprendizagem se adaptem às necessidades individuais dos alunos, fornecendo feedback em tempo real e recomendações personalizadas com base no progresso de cada aluno. De acordo com Chen et al. (2021), "a RPA no ambiente de aprendizagem permite a personalização que facilita uma experiência educativa adaptada às necessidades e ao ritmo de cada aluno, optimizando os resultados académicos" (p. 46). (Chen, 2021).

5.3 Desafios e oportunidades da RPA no desenvolvimento de competências para a mão de obra do futuro

A adoção da RPA apresenta desafios e oportunidades em termos de desenvolvimento de competências. Por um lado, a automatização de tarefas repetitivas pode reduzir a necessidade de determinados trabalhos administrativos, o que significa que os trabalhadores devem desenvolver novas competências para se manterem competitivos. Por outro lado, a necessidade de conceber, manter e melhorar os sistemas de RPA cria uma procura de competências avançadas em automação, programação e análise de dados. Jackson e Li (2022) afirmam que "a educação deve preparar os estudantes não só para operar sistemas automatizados, mas também para se adaptarem às transformações tecnológicas em curso" (p. 38). (Jackson & Li, Z., 2022).

5.4 Estudos de caso: Implementação da RPA em programas de educação e formação

Várias universidades e empresas estão a adotar a RPA para melhorar os seus programas de educação e formação. Num estudo realizado pela McKinsey (2021), verificou-se que "as organizações que incorporam a RPA nos seus programas de formação profissional conseguem uma maior adaptabilidade da sua força de trabalho às exigências tecnológicas" (p. 52). (McKinsey & Company., 2021).. Um exemplo é a implementação de módulos de RPA em programas de engenharia e ciências da computação, onde os alunos aprendem a programar bots de automação e a aplicar esse conhecimento em projectos de impacto social e económico.

5.5 O papel da inteligência artificial e da aprendizagem automática na RPA educativa

A combinação da RPA com a inteligência artificial (IA) e a aprendizagem automática (ML) permite a criação de sistemas educativos mais adaptáveis e eficientes. Estas tecnologias podem analisar grandes quantidades de dados educativos para identificar padrões na aprendizagem dos alunos, o que ajuda a adaptar os programas e estratégias de ensino de acordo com as necessidades da força de trabalho moderna. Zhang e Wei (2022) observam que "a utilização de IA e ML em sistemas RPA não só melhora a eficiência da aprendizagem, como também abre a porta a uma educação personalizada que optimiza o desenvolvimento de competências" (p. 56). (Zhang & Wei, H., 2022)..

A integração da RPA no sistema educativo e no desenvolvimento de competências profissionais representa uma mudança de paradigma na forma como as instituições preparam os estudantes para o mercado de trabalho. A automatização não só simplifica os processos administrativos, como também contribui para a personalização da experiência educativa e para o desenvolvimento de competências essenciais para a economia digital. Para maximizar estes benefícios, as instituições precisam de adaptar os seus currículos, implementar programas de formação em competências tecnológicas e tirar partido das tecnologias emergentes, como a inteligência artificial e a aprendizagem automática.

A RPA transforma a forma como as empresas gerem tarefas repetitivas, aumentando a eficiência e a competitividade.

A Automação Robótica de Processos (RPA) transformou a forma como as organizações gerem tarefas repetitivas, impulsionando a eficiência e a competitividade do negócio. A implementação desta tecnologia permite às empresas melhorar a produtividade e reduzir os custos operacionais, o que é crucial num ambiente globalizado. De acordo com a CEPAL (2022), "a automação e a IA podem reduzir os custos operacionais, aumentar a precisão e melhorar a produtividade em vários sectores". (Bermúdez Irreño, RPA - Robotic Process Automation: A review of the literature, 2021)..

Para além dos benefícios operacionais imediatos, a RPA redefine o papel dos funcionários nas organizações, libertando-os de tarefas repetitivas que tradicionalmente absorviam grande parte do seu tempo. Isto não só permite que as organizações utilizem melhor as competências do seu pessoal, como também cria um ambiente de trabalho mais motivador, no qual os trabalhadores se podem concentrar em actividades de maior valor estratégico. De acordo com os estudos da CEPAL, o avanço da IA e da RPA em vários sectores representa uma oportunidade para transformar profundamente o local de trabalho e a produtividade das empresas: "A IA poderá transformar profundamente o mundo do trabalho, a economia e a sociedade no seu conjunto, tal como a eletricidade e a máquina a vapor o fizeram no passado.

A expansão da RPA em vários sectores, como o financeiro, o da saúde e o do retalho, demonstrou o potencial desta tecnologia para melhorar significativamente a competitividade das empresas. Este potencial deve-se, em grande parte, à sua capacidade de reduzir os tempos de execução e os erros em processos críticos, o que, por sua vez, aumenta a satisfação do cliente. Num mercado globalizado, a capacidade de reagir e de se adaptar rapidamente às necessidades do mercado tornou-se uma vantagem competitiva fundamental, e a RPA desempenha um papel essencial nesta adaptabilidade. Além disso, ao integrar a RPA com a IA, as empresas não só automatizam tarefas, como também ganham a capacidade de analisar dados em tempo real, permitindo uma tomada de decisões mais rápida e informada.

A evolução da RPA teve um grande impacto na produtividade das organizações.

A RPA permite que as empresas executem tarefas automatizadas através de robôs de software que imitam as interações humanas com sistemas digitais, permitindo-lhes executar trabalhos em grande escala sem erros humanos. Inicialmente, a RPA limitava-se à automatização de tarefas simples, como a introdução de dados ou a gestão de correio eletrónico. No entanto, a sua evolução nos últimos anos, impulsionada pelos avanços da inteligência artificial, alargou o seu âmbito para incluir tarefas mais complexas e adaptáveis.

Historicamente, a automatização de processos tem sido um objetivo das organizações desde a primeira revolução industrial. No entanto, a diferença das tecnologias actuais é a sua capacidade de se adaptarem e melhorarem à medida que recebem e processam novos dados. A CEPAL sublinha que "o potencial da IA não reside apenas na automatização de tarefas repetitivas, mas também na capacidade de se auto-aperfeiçoar, assumindo uma maior variedade de tarefas à medida que o algoritmo é optimizado". Assim, a RPA deixou de ser uma tecnologia passiva e passou a ser uma ferramenta proactiva que contribui para a melhoria contínua dos processos, um aspeto fundamental para as empresas que pretendem manter-se competitivas na era digital.

A RPA evoluiu significativamente desde a sua criação, desde a automatização de tarefas básicas até à integração de inteligência artificial avançada e capacidades de aprendizagem automática. Esta evolução teve um impacto notável na produtividade, permitindo às empresas adaptarem-se a um ambiente em constante mudança. Álvarez Marín (2024) destaca esta mudança no contexto da quarta revolução industrial, referindo que "a RPA é uma tecnologia disruptiva que redefine a forma como as empresas optimizam os seus processos e gerem o trabalho humano" (Marín., 2024). (Marin., 2024).

A RPA automatiza tarefas repetitivas

A RPA permitiu uma mudança significativa no domínio da produtividade organizacional. A tecnologia oferece às empresas a capacidade de lidar com tarefas repetitivas a uma velocidade que antes era impensável. A automatização reduz não só o tempo necessário para completar estas tarefas, mas também o risco de erro humano, resultando em produtos e serviços de maior qualidade. Para muitas organizações, esta tecnologia permitiu-lhes cumprir prazos mais apertados e melhorar os níveis de satisfação dos clientes, uma vez que os tempos de resposta são drasticamente reduzidos.

Uma das vantagens mais importantes da RPA é o facto de permitir que os trabalhadores se concentrem em tarefas de maior valor. À medida que os robôs de software assumem as tarefas de rotina, os trabalhadores podem passar mais tempo a tomar decisões estratégicas e a resolver problemas complexos, actividades em que a intervenção humana continua a ser essencial. A tecnologia não só melhora a produtividade operacional, como também aumenta a qualidade do trabalho humano, promovendo um ambiente em que os trabalhadores podem desenvolver as suas capacidades criativas e analíticas. Esta transformação representa uma vantagem significativa para as empresas, que podem afetar melhor os seus recursos humanos e o seu capital.

Para além dos benefícios imediatos, a RPA contribui para uma visão a longo prazo da transformação digital. À medida que as empresas implementam a RPA nos seus processos, acumulam dados valiosos que podem analisar para melhorar o seu desempenho. Ao utilizar estes dados, os robôs podem melhorar e adaptar-se continuamente, o que é essencial num ambiente económico caracterizado por mudanças rápidas e concorrência global. De acordo com estudos recentes, esta capacidade de auto-aperfeiçoamento é uma das principais vantagens da RPA: a tecnologia pode fornecer não só respostas imediatas, mas também informações relevantes para a melhoria contínua, permitindo que as empresas tomem decisões informadas e se ajustem rapidamente às exigências do mercado.

Integração com IA e aprendizagem automática

A RPA evoluiu de simples scripts para sistemas avançados que integram inteligência artificial e aprendizagem automática, alargando as suas capacidades de adaptabilidade e precisão. Esta evolução responde às exigências de um mercado onde a precisão e a rapidez são essenciais. Segundo a CEPAL, "a combinação de IA e RPA permite às empresas otimizar processos complexos, melhorando a precisão e adaptando-se a ambientes em mudança" (Bermúdez Irreño, Bermúdez Irreño). (Bermúdez Irreño, RPA - Robotic Process Automation: A Literature Review, 2021)..

Esta evolução da RPA permitiu às organizações ultrapassar as limitações dos sistemas tradicionais. Ao contrário da automação convencional, a RPA pode trabalhar em colaboração com outras tecnologias, como os sistemas de business intelligence, permitindo a integração total nos sistemas empresariais. Isto tem sido fundamental para a transformação digital em sectores que dependem de processos altamente regulamentados e exigem precisão, como a banca e os cuidados de saúde, onde a automação e a precisão são fundamentais para melhorar a qualidade do serviço e reduzir os erros no tratamento de dados sensíveis.

Além disso, a RPA possibilitou uma mudança cultural nas organizações, que passaram a ver a tecnologia como um aliado estratégico e não apenas como uma ferramenta operacional. A RPA integrada à IA permite que as empresas se adaptem melhor às mudanças no ambiente de forma ágil e eficiente, aproveitando ao máximo o conhecimento acumulado em seus sistemas. À medida que a RPA se adapta às mudanças do mercado, as empresas podem manter-se competitivas e responder rapidamente a novas exigências. Esta mudança na perceção da tecnologia também representa uma mudança na cultura organizacional, uma vez que os funcionários começam a ver a automação não como uma ameaça, mas como uma oportunidade de desenvolvimento profissional e crescimento pessoal.

Melhorar a produtividade através da redução de erros e da redefinição de funções no ambiente de trabalho.

A implementação bem sucedida da RPA tem um impacto positivo na produtividade da organização, acelerando os processos, minimizando os erros e redefinindo as funções dos funcionários. Isto cria um ambiente de trabalho mais estimulante e enriquecedor, onde os trabalhadores se podem concentrar em tarefas estratégicas. De acordo com Álvarez Marín (2024), a RPA "melhora a exatidão e reduz o tempo necessário para concluir tarefas de rotina, gerando benefícios em toda a organização" (Marín., 2024). (Marín., 2024).

Do ponto de vista da produtividade, a RPA gera benefícios substanciais, uma vez que permite que as tarefas sejam concluídas em menos tempo e com muito maior precisão em comparação com o trabalho manual. A redução de erros é fundamental em sectores como as finanças, os cuidados de saúde e o sector jurídico, onde as falhas nos processos podem conduzir a riscos legais e financeiros. Ao implementar a RPA, as empresas não só reduzem o tempo necessário para concluir as tarefas, como também optimizam a utilização dos recursos, o que contribui diretamente para a redução dos custos operacionais. De acordo com estudos recentes, uma organização pode reduzir os custos até 30% em determinados processos através da implementação da RPA, o que demonstra o poder transformador desta tecnologia em termos de poupança e otimização.

Por outro lado, a RPA também permite uma melhor distribuição do trabalho, promovendo um equilíbrio entre as tarefas automatizadas e o trabalho humano. Este equilíbrio é fundamental para melhorar a experiência dos colaboradores, que podem concentrar-se em tarefas que exigem competências interpessoais, pensamento crítico e criatividade. A capacidade da RPA para lidar com tarefas repetitivas não só aumenta a eficiência, como também contribui para um ambiente de trabalho mais motivador e menos stressante para os funcionários, promovendo assim uma cultura de inovação e melhoria contínua. Neste sentido, a RPA não substitui os empregados, mas antes desbloqueia o seu potencial, permitindo-lhes contribuir significativamente para o crescimento da organização.

A RPA reduz o tempo e aumenta a precisão

Os casos de sucesso da implementação da RPA mostram resultados tangíveis, como a redução dos tempos de processamento e a melhoria da precisão dos processos empresariais. Empresas líderes em sectores como a banca e o retalho adoptaram a RPA para otimizar as suas operações, conseguindo reduções de custos e melhorias de eficiência significativas.

Várias histórias de sucesso de implementação da RPA demonstram resultados tangíveis, como a redução dos tempos de processamento e a melhoria da precisão dos processos empresariais. Isto permitiu a muitas empresas aumentar a sua eficiência operacional e melhorar a sua posição competitiva. A CEPAL observa que a RPA "optimiza a eficiência operacional e fornece resultados mensuráveis em termos de precisão e rapidez" (Benhamou, 2022). (Benhamou, 2022).

Um exemplo claro do sucesso da RPA pode ser visto no sector bancário, onde tem sido utilizada para automatizar os processos de verificação de dados, gestão de contas e análise de risco. Ao eliminar a componente manual destas tarefas, a RPA permite às instituições financeiras reduzir o tempo de processamento de aplicações e transacções, aumentando assim a satisfação do cliente e a eficiência do serviço. Além disso, ao reduzir os erros de introdução de dados, os bancos podem minimizar os riscos de fraude e melhorar a qualidade da informação, o que é crucial num ambiente altamente competitivo e regulamentado. A CEPAL refere que a utilização da IA e da RPA "pode otimizar a eficiência operacional e melhorar a transparência na gestão de dados, proporcionando às organizações uma vantagem competitiva significativa".

No sector da saúde, a RPA também provou ser um recurso valioso para melhorar a precisão na gestão de registos médicos e na administração de medicamentos. Ao automatizar estas tarefas, os profissionais de saúde podem dedicar mais tempo aos cuidados diretos aos doentes, melhorando assim a qualidade dos cuidados. Além disso, a RPA reduz os erros na gestão de dados e na prestação de tratamentos, que são factores cruciais para evitar erros médicos e melhorar os resultados dos doentes. Estas histórias de sucesso inter-sectoriais reflectem o poder transformador da RPA e a sua capacidade de promover melhorias em vários aspectos do negócio, desde a redução de custos até à melhoria da satisfação do cliente e da qualidade do serviço.

A RPA exige estratégias de gestão da mudança e de integração

A adoção da RPA também apresenta desafios significativos que as organizações têm de ultrapassar para conseguirem uma implementação bem sucedida. Um dos principais obstáculos é a resistência à mudança por parte dos funcionários, que muitas vezes vêem a automatização como uma ameaça à estabilidade do seu emprego. Este receio pode reduzir a vontade do pessoal de adotar e colaborar com as novas tecnologias, dificultando o processo de implementação. Para mitigar este problema, é essencial que as organizações promovam uma cultura de comunicação aberta e transparência, explicando como a RPA pode melhorar o ambiente de trabalho e os benefícios a longo prazo que pode trazer tanto para a empresa como para os funcionários.

Outro desafio significativo é a complexidade técnica envolvida na integração da RPA com os sistemas empresariais existentes. As organizações com infra-estruturas tecnológicas complexas podem ter dificuldade em adaptar a RPA aos seus sistemas, o que pode atrasar o processo de implementação e aumentar os custos iniciais. De acordo com um estudo, a integração da RPA numa infraestrutura existente requer um planeamento cuidadoso e uma estratégia bem definida para evitar problemas técnicos que possam comprometer as operações comerciais. É essencial que as organizações disponham de uma equipa técnica qualificada que possa gerir eficazmente a transição, garantindo que a RPA é implementada de uma forma coerente com os objectivos empresariais.

Além disso, a gestão da mudança desempenha um papel fundamental na implementação bem sucedida da RPA. As organizações devem estar preparadas para gerir não só os aspectos técnicos, mas também as mudanças culturais que a RPA implica. Isto inclui a formação dos empregados para se adaptarem às suas novas funções e desenvolverem competências que lhes permitam interagir com a tecnologia de forma eficaz. Embora a RPA ofereça inúmeros benefícios, a sua adoção também apresenta desafios, como a resistência à mudança e a complexidade técnica da integração da tecnologia nos sistemas existentes. Estes desafios exigem uma gestão estratégica e eficaz da mudança para que a implementação seja bem sucedida. Clúa de Yarza (2020) salienta que "a integração da automatização nas empresas depende de um planeamento cuidadoso e de um enfoque na gestão da mudança" (Clúa de Yarza, 2020). (Clúa de Yarza, 2020)..

A RPA promove a colaboração entre humanos e tecnologia

A RPA não só impulsiona a produtividade empresarial, como também promove a colaboração entre humanos e tecnologia, transformando o futuro do trabalho. Esta abordagem colaborativa redefine o papel do trabalhador e reforça a eficiência e a competitividade no atual ambiente empresarial. De acordo com a CEPAL, "a interação entre os seres humanos e a RPA pode criar um ambiente de colaboração que maximiza os pontos fortes de ambos, aumentando a competitividade" (Benhamou, 2022). (Benhamou, 2022).

A implementação da RPA representa uma oportunidade para as organizações redefinirem os seus processos e promoverem uma cultura de inovação e melhoria contínua. A automatização permite às empresas adaptarem-se mais rapidamente às mudanças do mercado, optimizando as suas operações e melhorando a sua capacidade de resposta. Mais do que simplesmente reduzir custos, a RPA permite que as empresas adoptem uma visão de crescimento e desenvolvimento a longo prazo, em que a eficiência e a criatividade são elementos-chave para o sucesso. De acordo com a CEPAL, "a integração da IA e da RPA no ambiente de trabalho pode redefinir a estrutura organizacional e facilitar a transição para um modelo de trabalho mais dinâmico e colaborativo".

Além disso, a RPA fomenta uma maior colaboração e confiança entre os funcionários e a tecnologia, promovendo um ambiente de trabalho em que ambas as partes podem crescer e desenvolver-se. À medida que os funcionários se adaptam ao trabalho com a RPA, tornam-se mais receptivos às novas tecnologias e à mudança contínua, o que é fundamental numa economia digital em constante evolução. Esta relação simbiótica entre humanos e tecnologia permite que as empresas se mantenham competitivas e que os funcionários se sintam capacitados, sabendo que o seu trabalho tem um impacto significativo na organização e no desenvolvimento de novas competências digitais. A combinação de tecnologia avançada e talento humano cria um ambiente propício à inovação e à transformação, lançando as bases para o futuro do trabalho.

A RPA optimiza os custos e melhora a eficiência

A constante evolução da RPA e os seus benefícios tangíveis fazem dela uma ferramenta fundamental em várias indústrias, optimizando custos, melhorando a eficiência operacional e reduzindo erros. Em sectores como a logística e a produção, a RPA permite realizar tarefas com maior precisão e rapidez, o que é crucial num mercado globalizado. Álvarez Marín (2024) sublinha que "a RPA optimiza processos-chave em múltiplos sectores, o que aumenta a competitividade e reduz os custos operacionais". (Marín., 2024).

No sector da produção, a RPA transformou a forma como os processos de produção e de controlo de qualidade são executados. Utilizando robôs de software, as empresas podem realizar inspecções automatizadas que identificam defeitos e garantem que os produtos cumprem as normas de qualidade estabelecidas. Esta automatização permite poupanças de custos significativas, reduzindo as perdas devidas a produtos defeituosos e melhorando a utilização dos recursos materiais. Além disso, a RPA facilita a recolha e análise de dados de produção em tempo real, permitindo aos gestores tomar decisões informadas para otimizar ainda mais a eficiência operacional.

O sector financeiro também sofreu uma transformação com a incorporação da RPA nas suas operações. A automatização de tarefas como a verificação de dados, a auditoria de contas e a gestão de riscos permitiu aos bancos e a outras instituições financeiras reduzir os custos e melhorar a precisão dos seus processos. Estes avanços são especialmente valiosos num sector altamente regulamentado, onde a precisão e a transparência são essenciais. Além disso, ao reduzir a carga de trabalho manual, a RPA permite que os funcionários do sector financeiro se concentrem em actividades estratégicas e analíticas, melhorando assim a qualidade do serviço ao cliente e reforçando a posição competitiva das organizações financeiras no mercado global.

A RPA permite que os funcionários se concentrem em tarefas estratégicas

A RPA oferece uma oportunidade para as organizações redefinirem os seus processos, libertando os funcionários de tarefas repetitivas e permitindo-lhes concentrarem-se em actividades estratégicas e criativas. Esta abordagem permite às empresas melhorar tanto a eficiência como a inovação, promovendo uma cultura de melhoria contínua. De acordo com a CEPAL, "a RPA permite que os funcionários se concentrem em tarefas de alto valor, promovendo um ambiente de trabalho mais dinâmico e motivador" (Benhamou, 2022). (Benhamou, 2022).

Ao libertar os empregados de tarefas operacionais e repetitivas, a RPA permite-lhes participar em projectos que exigem competências cognitivas avançadas e criatividade. Isto não só enriquece o papel do empregado, como também promove um ambiente de trabalho em que os indivíduos podem desenvolver-se profissionalmente e contribuir com ideias que impulsionam o crescimento organizacional. Esta mudança cultural também ajuda a melhorar a moral e a satisfação do pessoal, que vê a automatização como uma oportunidade para se concentrar no que realmente acrescenta valor. A CEPAL salienta que "a automatização permite que os trabalhadores se concentrem em tarefas que exigem capacidades analíticas e de resolução de problemas, o que é essencial para o desenvolvimento de um ambiente de trabalho mais satisfatório e produtivo".

Além disso, a RPA leva as organizações a adoptarem uma mentalidade de melhoria contínua, uma vez que a tecnologia facilita a recolha e análise de dados de desempenho dos processos. Ao identificar áreas de oportunidade através da análise de dados, as empresas podem ajustar as suas operações para melhorar a eficiência e a qualidade dos seus produtos e serviços. Esta capacidade de adaptação e melhoria contínua é essencial para as organizações num mercado globalizado, onde a concorrência e as expectativas dos clientes estão a aumentar. Com a RPA, as empresas podem não só otimizar os seus processos actuais, mas também preparar-se para os desafios futuros, construindo uma base sólida para a inovação e o crescimento a longo prazo.

A RPA promove um ambiente de trabalho dinâmico e inovador

A integração da RPA nas operações comerciais não só aumenta a eficiência, como também promove a inovação e a melhoria contínua. Esta tecnologia aponta o caminho para um futuro de trabalho mais dinâmico e colaborativo, onde a tecnologia e os funcionários coexistem e se complementam. Clúa de Yarza (2020) salienta que "a colaboração entre humanos e tecnologia, facilitada pela RPA, impulsiona uma cultura de inovação e melhoria contínua" (Clúa de Yarza, 2020). (Clúa de Yarza, 2020)..

A combinação de competências humanas e capacidades tecnológicas no trabalho quotidiano é fundamental para criar um ambiente de trabalho que promova a adaptabilidade e a resiliência organizacional. À medida que os funcionários se adaptam ao trabalho com a RPA, aprendem novas competências digitais que os preparam para um mercado de trabalho em constante evolução. Este desenvolvimento de competências é particularmente valioso em sectores que estão a sofrer uma transformação digital acelerada, onde a capacidade de adaptação e colaboração com tecnologias avançadas é essencial para se manterem competitivos. A CEPAL sublinha a importância de promover um "novo paradigma organizacional em que humanos e máquinas colaborem de forma inteligente e responsável para maximizar o valor da automatização".

Além disso, a utilização estratégica da RPA permite que as empresas adoptem uma visão de melhoria contínua, em que os funcionários são incentivados a procurar soluções inovadoras para os desafios que enfrentam diariamente. Esta abordagem não só melhora a eficiência dos processos, como também promove uma cultura de inovação em que os funcionários são motivados a contribuir ativamente para o sucesso da organização. Ao implementar a RPA, as empresas estão a investir num modelo de trabalho colaborativo que não só optimiza as operações, como também enriquece o ambiente de trabalho, promovendo o desenvolvimento pessoal e profissional dos colaboradores e reforçando a capacidade de adaptação da organização às exigências de um mercado globalizado.

A adoção bem sucedida da RPA requer planeamento estratégico

A adoção estratégica da RPA requer um planeamento cuidadoso e uma gestão eficaz da mudança para garantir uma transição bem sucedida e maximizar os potenciais benefícios. Uma implementação adequada envolve não só a vertente técnica, mas também a formação e a adaptação do pessoal aos novos processos. A CEPAL sublinha que "o planeamento estratégico e a gestão da mudança são essenciais para o sucesso da RPA em qualquer organização" (Benhamou, 2022). (Benhamou, 2022).

Um dos principais desafios na adoção da RPA é gerir a resistência à mudança, uma vez que os funcionários podem encarar a automatização como uma ameaça à estabilidade do seu emprego. Para mitigar este problema, é fundamental que as empresas adoptem uma comunicação aberta e proactiva, explicando aos funcionários como a RPA irá complementar as suas funções e não substituí-las. A formação contínua e o desenvolvimento de competências digitais também são essenciais para garantir que os funcionários possam se adaptar aos novos processos de forma eficaz. A CEPAL sugere que "uma gestão eficaz da mudança é fundamental para o sucesso da RPA, pois permite que os funcionários se adaptem e vejam a tecnologia como uma ferramenta que melhora o seu desempenho e o seu papel na organização".

Além disso, a implementação da RPA implica a criação de um ambiente de aprendizagem contínua onde os funcionários possam desenvolver novas competências e adaptar-se às mudanças tecnológicas numa base contínua. As organizações devem investir em programas de formação que permitam aos seus funcionários compreender e gerir a tecnologia de forma eficiente, maximizando assim o valor da automatização. Esta abordagem de aprendizagem contínua é fundamental para construir uma organização flexível e resiliente, pronta para se adaptar às futuras transformações tecnológicas. A RPA, quando implementada corretamente, não só aumenta a eficiência e reduz os custos, como também reforça a cultura de inovação dentro da empresa, promovendo uma atitude positiva em relação à mudança e à evolução digital.

A RPA permite uma maior competitividade no mercado global

Através da implementação da RPA, as organizações podem otimizar os seus processos, melhorar a qualidade dos seus serviços e produtos e aumentar a sua competitividade num mercado global cada vez mais exigente e dinâmico. Ao automatizar tarefas repetitivas, as empresas não só reduzem os custos, como também melhoram a exatidão e a consistência dos seus processos. A CEPAL observa que "a RPA permite às organizações manter um padrão de qualidade e precisão que é crucial num ambiente altamente competitivo" (Benhamou, 2022). (Benhamou, 2022).

A RPA também representa uma ferramenta fundamental para enfrentar os desafios de um mercado de trabalho em evolução. À medida que as tarefas repetitivas são automatizadas, as empresas podem reorientar os seus empregados para actividades estratégicas que exigem competências analíticas e criativas. Esta mudança não só melhora a produtividade, como também contribui para um desenvolvimento profissional mais completo e enriquecedor dos trabalhadores. As organizações que implementam a RPA estão em melhor posição para se adaptarem rapidamente às exigências do mercado, afectando os recursos humanos e tecnológicos de forma mais eficiente e estratégica. Esta abordagem é fundamental numa economia digitalizada, onde a agilidade e a capacidade de resposta são factores diferenciadores do sucesso organizacional.

Em termos de relação custo-eficácia, a RPA estabeleceu-se como uma tecnologia que proporciona um retorno do investimento (ROI) significativo, especialmente quando implementada em processos-chave que exigem precisão e consistência. Ao reduzir o tempo de ciclo e os erros associados às tarefas manuais, a RPA permite que as organizações obtenham resultados mensuráveis num curto espaço de tempo. Em sectores como a banca e as telecomunicações, onde o volume de transacções e dados é elevado, a RPA optimiza a eficiência dos processos, reduzindo os custos operacionais e melhorando o controlo de qualidade. A CEPAL observa que "as empresas que adoptam a RPA podem experimentar melhorias na sua competitividade e sustentabilidade, tirando partido da tecnologia para oferecer produtos e serviços de maior qualidade".

A RPA impulsiona a inovação

A combinação de tecnologia e talento humano através da RPA abre novas oportunidades de inovação e transformação empresarial, criando um ambiente propício ao crescimento e à prosperidade a longo prazo. Esta abordagem permite às organizações tirar partido da tecnologia para aumentar a criatividade e o desenvolvimento dos funcionários. De acordo com Álvarez Marín (2024), "a sinergia entre a RPA e o talento humano promove um ambiente de trabalho colaborativo, orientado para a inovação contínua". (Marín., 2024).

A RPA também facilita uma estrutura organizacional mais flexível, permitindo que as empresas respondam rapidamente às flutuações do mercado e às novas tendências. Esta abordagem de adaptação contínua é particularmente valiosa nos dias de hoje, em que os ciclos de inovação estão a tornar-se mais curtos e as organizações precisam de ser ágeis para acompanhar a evolução das exigências dos consumidores. De acordo com uma investigação recente, a RPA permite que as empresas ajustem os seus processos de forma eficiente, assegurando que podem responder imediatamente a alterações na procura ou na concorrência. Esta flexibilidade operacional é fundamental para a sustentabilidade e o crescimento numa economia altamente competitiva.

Por outro lado, o desenvolvimento da RPA abriu a porta a novas oportunidades em termos de formação e desenvolvimento de competências para os trabalhadores. À medida que os trabalhadores se adaptam a funções que requerem interação com tecnologia avançada, adquirem competências digitais e técnicas que aumentam a sua empregabilidade e valor dentro da empresa. A implementação da RPA incentiva as organizações a investir na formação, uma vez que uma equipa bem formada é essencial para maximizar os benefícios da automatização. Esta relação simbiótica entre tecnologia e pessoal qualificado contribui para a criação de um ambiente onde a inovação e a aprendizagem contínua se tornam pilares fundamentais da cultura organizacional.

A RPA é um catalisador para a evolução e o crescimento contínuos na era digital.

Em suma, a Robotic Process Automation (RPA) não é apenas uma ferramenta para aumentar a produtividade das empresas, mas também um catalisador para a evolução e desenvolvimento contínuos das organizações na atual era digital. A RPA impulsiona as empresas para um modelo de melhoria contínua e de adaptação constante às mudanças tecnológicas. Clúa de Yarza (2020) conclui que "a EPR é essencial para o desenvolvimento de uma organização resiliente, adaptável e preparada para os desafios da economia digital" (Clúa de Yarza, 2020). (Clúa de Yarza, 2020)..

A RPA não é apenas um meio de otimizar processos, mas uma ferramenta que permite às organizações prepararem-se para os desafios futuros. Num contexto de rápido avanço tecnológico, as empresas que adoptam a RPA estão mais bem posicionadas para se adaptarem a novas tecnologias, como a inteligência artificial avançada e a aprendizagem automática, que se integram naturalmente na automatização robótica. A CEPAL destaca a importância desta tecnologia na sua visão do futuro do trabalho: "A RPA, quando complementada com a inteligência artificial, permite uma transformação integral dos processos empresariais, facilitando uma colaboração efectiva entre homem e máquina que aumenta a competitividade e a sustentabilidade.

Por último, a implementação da Automação Robótica de Processos (RPA) representa uma oportunidade única para as organizações criarem um ambiente de trabalho mais colaborativo, em que a tecnologia e o talento humano se potenciam mutuamente. Neste contexto, a RPA não é vista apenas como uma ferramenta que substitui os processos manuais, mas como um catalisador que permite que os funcionários libertem tempo de tarefas repetitivas e se concentrem em actividades de maior valor estratégico.

Desta forma, a tecnologia não compete com o talento humano, mas amplifica-o, melhorando tanto a eficiência operacional como a criatividade das equipas de trabalho. Esta abordagem à automatização inteligente promove uma cultura organizacional em que a inovação e a aprendizagem contínua são vistas como elementos essenciais para o sucesso. À medida que as empresas avançam para um futuro mais digitalizado e em mudança, a RPA posiciona-se como uma ferramenta fundamental não só para simplificar as operações, mas também para liderar a transformação organizacional. Também assegura um crescimento sustentável, permitindo que as empresas se adaptem mais rapidamente às mudanças do mercado e às exigências dos consumidores. Assim, a RPA não é apenas uma solução técnica que resolve problemas imediatos de eficiência, mas uma estratégia abrangente que ajuda a construir uma organização resiliente e adaptável que está totalmente preparada para enfrentar os desafios da economia digital.

A RPA como pilar da transformação do serviço ao cliente

Na área do serviço ao cliente, a implementação da RPA tornou-se uma ferramenta fundamental para automatizar processos repetitivos e administrativos. Estes processos incluem tarefas como o tratamento de pedidos de informação, a atualização dos dados dos clientes e a triagem e encaminhamento de reclamações e pedidos de informação para os departamentos adequados. Estas tarefas, que anteriormente exigiam uma intervenção manual constante, podem agora ser executadas com rapidez e precisão por robots de software. Este tipo de automatização permite que os agentes humanos se concentrem em tarefas que realmente acrescentam valor ao cliente, como a resolução de problemas complexos e a prestação de um serviço mais personalizado. Ao aliviar os funcionários do fardo das tarefas administrativas, a tecnologia RPA ajuda a melhorar a qualidade do serviço ao cliente, optimizando simultaneamente os custos operacionais. De acordo com a Gartner (2021), a integração da RPA no serviço ao cliente não só melhora a eficiência, como também aumenta a satisfação do cliente, permitindo que as equipas se concentrem em interações mais significativas e enriquecedoras com o cliente.2. Benefícios da RPA na otimização do processo de serviço ao cliente

Uma das principais vantagens da RPA é a sua capacidade de otimizar os processos de serviço ao cliente, reduzindo os tempos de espera e aumentando a precisão no tratamento das questões. Com a RPA, as empresas podem automatizar tarefas que anteriormente exigiam intervenção humana, diminuindo o tempo de resposta e melhorando a experiência do cliente. Fernandez e Soto (2020) afirmam que "a automatização de tarefas repetitivas permite um serviço ao cliente mais rápido e reduz os erros, o que é crucial para a satisfação do cliente num ambiente competitivo" (p. 35). (Fernandez & Soto, L., 2020).

Além disso, a RPA permite que as organizações aumentem as suas operações de serviço ao cliente sem a necessidade de aumentar o número de funcionários, uma vez que os bots podem tratar grandes volumes de pedidos em simultâneo. Isto é especialmente valioso em sectores de elevada procura, como o comércio eletrónico e os serviços financeiros, onde os picos de pedidos podem ser difíceis de gerir manualmente. (Chen, 2021)..

2. Personalização do serviço ao cliente através da RPA

3.

Outra vantagem fundamental da RPA é a sua capacidade de personalizar a experiência de serviço ao cliente. Os bots de RPA podem integrar-se com bases de dados de clientes e sistemas de CRM (Customer Relationship Management), permitindo-lhes aceder a informações relevantes em tempo real. Desta forma, os bots podem fornecer respostas personalizadas com base no historial e nas preferências de cada cliente.

De acordo com Jackson e Li (2022), "a RPA permite um serviço ao cliente proactivo e personalizado, uma vez que os bots têm acesso a dados históricos e podem antecipar as necessidades dos clientes" (p. 48). (Jackson & Li, Z., 2022).. Por exemplo, um bot de RPA numa empresa de telecomunicações pode lembrar-se que um cliente costuma recarregar o seu plano de dados no início de cada mês e enviar-lhe um lembrete personalizado na altura certa.

4. Melhorar a satisfação do cliente através da RPA

A rapidez e a precisão da RPA no serviço ao cliente melhoram a satisfação do cliente, minimizando a frustração causada por longas esperas ou erros no tratamento dos pedidos. Além disso, ao automatizar as tarefas de rotina, os agentes do serviço ao cliente podem passar mais tempo a resolver questões complexas e a prestar um serviço mais pessoal e humano, o que aumenta a perceção positiva da empresa.

De acordo com López et al. (2022), "a implementação da RPA nos centros de atendimento ao cliente reduz significativamente o tempo de resolução dos pedidos e melhora a experiência geral do cliente, o que aumenta a sua fidelização e retenção" (p. 67). Esta capacidade de resposta rápida e eficiente é crucial num mundo em que as expectativas dos consumidores não só estão em constante crescimento, como também são cada vez mais exigentes em termos de rapidez e qualidade de serviço. Em sectores como o retalho, em que a concorrência é feroz e a fidelidade do cliente pode ser volátil, a experiência do cliente torna-se um diferenciador fundamental que pode fazer a diferença entre a retenção e o abandono do cliente. Por este motivo, a automatização através da RPA apresenta-se como uma estratégia crítica para as empresas que procuram manter-se competitivas num ambiente de mercado cada vez mais saturado. Melhorar a rapidez e a eficiência com que os pedidos são resolvidos não só optimiza os recursos internos, como também cria uma relação mais positiva entre o cliente e a empresa, o que se reflecte diretamente na fidelização dos clientes e no aumento das taxas de retenção. A implementação desta tecnologia transforma o atendimento ao cliente, tornando-o mais ágil e alinhado com as expectativas do utilizador moderno.

RPA e IA para a melhoria contínua do serviço ao cliente

O potencial da RPA é ainda mais amplificado quando combinado com tecnologias avançadas, como a inteligência artificial (IA) e a análise de dados. Enquanto a RPA automatiza processos repetitivos, a IA pode levar a interação com o cliente para o nível seguinte, analisando grandes volumes de dados em tempo real. Ao integrar estas duas tecnologias, os bots RPA não se limitam apenas a responder aos pedidos automaticamente, mas podem também aprender os padrões de comportamento e as preferências dos clientes, adaptando-se dinamicamente às suas necessidades em constante mudança. Esta abordagem não só melhora a eficiência operacional, como também permite uma experiência mais personalizada e antecipatória para cada cliente. De acordo com estudos recentes, a combinação de RPA e IA permite às empresas não só resolver problemas, mas também prever e antecipar as necessidades dos clientes antes de estas serem expressas, levando a uma perceção de maior valor e atenção personalizada. Este tipo de integração proporciona um ciclo de melhoria contínua que beneficia tanto os clientes como as empresas, criando um ambiente em que as interações são mais suaves, mais rápidas e mais satisfatórias para ambas as partes. Além disso, ao empregar a IA, os sistemas RPA podem aprender e adaptar-se, melhorando constantemente a qualidade do serviço sem intervenção humana constante.

A IA permite que os sistemas RPA "aprendam" com cada interação, o que optimiza o serviço ao cliente ao longo do tempo e permite uma experiência ainda mais personalizada. De acordo com Zhang e Wei (2022), "a integração da IA com a RPA permite às organizações não só melhorar a eficiência dos processos de serviço ao cliente, mas também prever e adaptar-se à evolução das preferências dos consumidores" (p. 52). (Zhang & Wei, H., 2022)..

Desafios e considerações para a implementação da RPA no atendimento ao cliente

Apesar dos muitos benefícios da RPA no serviço ao cliente, a sua implementação também apresenta alguns desafios. Um dos principais é a necessidade de gerir a mudança organizacional, uma vez que os funcionários podem sentir que a automação representa uma ameaça à sua segurança no emprego. De acordo com um estudo da McKinsey (2021), "para implementar com sucesso a RPA no atendimento ao cliente, é essencial envolver os funcionários no processo e treiná-los no uso de novas tecnologias" (p. 61). (McKinsey & Company., 2021)..

Outro desafio é garantir que os bots de RPA são corretamente integrados com os sistemas de serviço ao cliente existentes, como CRMs e bases de dados, para maximizar a sua eficácia. Para além disso, a segurança dos dados é crucial, especialmente quando se trata de dados sensíveis dos clientes, pelo que a RPA deve ser implementada sob protocolos rigorosos de segurança e privacidade.

A automatização robótica de processos (RPA) oferece às organizações uma oportunidade única de otimizar os seus processos de serviço ao cliente, proporcionando uma interação mais rápida, personalizada e precisa. Esta tecnologia permite tempos de resposta mais curtos, maior precisão no tratamento dos pedidos e liberta o pessoal para tarefas de maior valor acrescentado. Com a integração da IA, a RPA continuará a evoluir para sistemas de serviço ao cliente ainda mais adaptáveis e personalizados, capazes de antecipar as necessidades do cliente e melhorar a experiência do cliente em cada interação.

Conclusão

A RPA redefiniu a forma como as organizações optimizam as suas operações e aproveitam o talento humano. Esta tecnologia não só aumentou a eficiência e reduziu os custos, como também criou um ambiente de trabalho onde os funcionários se podem concentrar em tarefas estratégicas, deixando as tarefas repetitivas para os robots. Esta mudança representa uma evolução para uma estrutura organizacional mais ágil, adaptável e sustentável, permitindo que as empresas respondam rapidamente às exigências de um mercado em constante mudança.

Olhando para o futuro, o potencial da RPA é imenso, especialmente quando combinado com a inteligência artificial e a aprendizagem automática. Em conjunto, estes avanços elevam a automatização a níveis mais complexos e prometem revolucionar a forma como os dados são geridos, as decisões são tomadas e a experiência do cliente é melhorada. Em suma, a RPA não é apenas uma ferramenta tecnológica, mas um motor de transformação que impulsiona a inovação contínua, a colaboração homem-máquina e a evolução das organizações para uma cultura de melhoria constante.

Referências

Acurio Pérez, F. M. (2020). *Software inteligente RPA, para a validação do sistema de planejamento de recursos empresariais Dynamics AX usando GAMP5-Estudo de caso: Indústria farmacêutica.* Repositório ESPE.

Alfaro Gutiérrez, A. (2022) *Como implementar a automatização robótica de processos em Centros de Serviços Partilhados que operam na Grande Área Metropolitana?* Repositório ULACIT.

Asatiani, A., & Penttinen, E. (2016). *"Transformando a automação de processos robóticos em sucesso comercial - Caso OpusCapita".* Jornal de casos de ensino de tecnologia da informação.

Avila, J. D. (2024). *Automação de processos robóticos e seu impacto na gestão de compras e cadeia de suprimentos: revisão sistemática.* Gestão de Operações.

Balladares Montalvan, C. A. (2020). *RPA para a automação da gestão administrativa na área financeira da Seidor.* Repositório Científico.

Benhamou, S. (2022). *A transformação do trabalho e do emprego na era da inteligência artificial: análise, exemplos e questões.* Comissão Económica para a América Latina e as Caraíbas (CEPAL).

Bermúdez Irreño, C. A. (2021). *RPA - Robotic Process Automation: Uma revisão da literatura.* Revista de Engenharia, Matemática e Ciência da Informação.

Bermúdez Irreño, C. A. (2021). *RPA - Robotic Process Automation: Uma revisão da literatura.*

Chen, R. (2021). *Sistemas automatizados de aprendizagem e personalização na educação. IEEE Education Review, 10(4), 44-50.*

Chinea, R. M. (2024). *ERP: Relíquia do passado ou chave para o futuro da governação de dados?* Revista Canária de Administração Pública.

Clúa de Yarza, P. (2020). *O futuro do emprego: os desafios da automatização, da inteligência artificial e da robótica (Tese final de licenciatura).*

Deloitte (2017). *A era da automação.*

Díaz Noriega, E. (2023). *Automatização do processo de reconciliação bancária integrando Excel com ChatGPT.* Repositório UNAB.

Encalada, M. L., & Cueva, Á. D. S. (2023). *Efeitos pós-pandêmicos no desempenho do setor industrial têxtil de roupas leves do Equador: período 2020-2021.* Revista ECA Sinergia.

Ernst, & Young (2020). *Considerações sobre cibersegurança na automatização de processos robóticos.*

Fernández Miño, F. J. (2015). *Plano de negócios para a implantação de uma empresa brasileira de comercialização de roupas no cantão de Quevedo, 2013.*

Fernández, R., & Soto, L. (2020). *Otimizando os processos de atendimento ao cliente com automação de processos robóticos.* Jornal de Eficiência Empresarial, vol. 14(2), páginas 32-40.

Flores Jaimes, F. D., & Romero Navarro, A. M. (2018). *IFRS para PMEs e seu impacto na tomada de decisões financeiras em empresas têxteis.* Repositório UPC.

Garavito Núñez, O. M., & Mendez, C. (n.d.).

Gartner (2021). *Estratégias de segmentação de rede para segurança na transformação digital.*

Gómez González, L. M. (2020). *Aplicações de RPA no ambiente de negócios.* Repositório UPM.

Herrera Vázquez, J., & Miranda, S. (2024). *Avaliação do impacto da implementação da automação no contexto da agilidade organizacional em uma Fintech transnacional na Costa Rica.* Repositório ULACIT.

Herrero Menocal, P. (2023). *Mudança geracional na atividade de auditoria: obstáculos no processo e propostas para promover a gestão de jovens talentos no setor.* Repositório UNICAN.

Hurtado-Guevara, R. F. (2024). *Impacto da Automação na Auditoria: Vantagens e Desafios.* Revista Científica Zambos.

Organização Internacional de Normalização (2019). *Normas de segurança da informação (ISO/IEC 27001:2019).*

Irreño, C. A. (2023). *Caracterização de plataformas de automação em qualquer lugar e uipath para implementação de RPA.* Revista de Engenharia.

Jackson, K., & Li, Z. (2022). *Preparando os alunos para uma economia digital com habilidades de RPA. Journal of Future Skills Development, 29(2), 35-40.*

KPMG. (2021). *Segurança cibernética na empresa digital, com foco na RPA.*

López, A., & Martínez, P. (2020). *Desenvolver competências digitais para a força de trabalho futura. Imprensa de Educação e Tecnologia.*

López, P. (2022). *Aumentando a satisfação do cliente com RPA em centros de serviços.* Revista de Gestão das Relações com o Cliente, vol. 16(2), páginas 65-73.

Lucio Mendoza, J. C. (2020). *Proposta de método para a implementação bem-sucedida do 5S - Edição Única.* Repositorio Tec.

Marín, N. Á. (2024). *Automatização e inteligência artificial (IA): revolução e desemprego.*

Martínez Villamarín, L. P. (2018). *Fatores de impacto da ferramenta CRM (Customer Relationship Management) para implementação em pequenas empresas na Colômbia.* Repositório UMIL.

McKinsey & Company (2021). *Implementando a RPA para um atendimento eficaz ao cliente. McKinsey & Co.*

Microsoft (2021). *Melhores práticas de segurança para a automatização de processos robóticos.*

Instituto Nacional de Normas e Tecnologia (NIST). (2020). *Diretrizes para a identidade digital .*

Nova Cárdenas, J. I. (2020). *Desenho do modelo de negócio para a área de RPA de uma empresa de consultoria.* Repositório UCHILE.

Ochoa Surco, A. D., & Osorio, S. (2022). *Implementação de um RPA para melhorar o processo de validação de extratos numa instituição financeira, Lima-2022.* Repositório UTP.

Ortiz Herrera, Y. M. (2021). *Automatizando o download e a consolidação de dados usando um RPA.* DSpace TDEA.

PwC. (2020). *Gestão de riscos para automação de processos robóticos.*

Quintanilla Laserna, D. M. (2021). *Otimização de processos operacionais através da automação robótica de processos (RPA).* Repositório UMIL.

Rodríguez Soto, J. R. (2018). *Informalidade empresarial, uma evolução literária que denota um fenómeno complexo.* Polo del Conocimiento.

SANS, I. (2020). *Ameaças internas e o papel da automatização na mitigação.*

Smith, J., & Jones, L. (2021). *Riscos de cibersegurança na automação de processos robóticos. Journal of Cybersecurity, 15(3), 42-56.*

Suarez Gallegos, M. A. (2024). *Implementação da automação de processos robóticos (RPA) para melhorar a produtividade na Covisian Peru SA, Lima.* Repositório UWiener.

Suárez Gallegos, M. A. (2024). *Implementação da automação de processos robóticos (RPA) para melhorar a produtividade na empresa Covisian Perú SA, Lima.* Repositório UWiener.

Vega Guevara, W. F. (2021). *Implementação de um Robotic Process Automation (RPA) para melhorar a gestão logística de empresas de transporte na empresa Specialized Reefer Logistics SAC.* Repositório UTP.

Zanel, D. (2023). *Mestrado em gestão estratégica de sistemas e tecnologias de informação.* Biblioteca Digital da UBA.

Zhang, W., & Wei, H. (2022). *Inteligência Artificial e RPA: Avançando no Atendimento ao Cliente. AI & Customer Relations Journal, 20(1), 50-58.*

Printed by Books on Demand GmbH, Norderstedt / Germany